Extrait

## AVIS IMPORTANT

« Les disques pathé chantant sans aiguille et sont les seuls pouvant, par l'emploi du saphir, donner l'absolue réalité de la voix.

« Pour écouter les disques à aiguille, il faut acheter sans cesse des aiguilles, puis que le disque à aiguille ne fait qu'une seule audition.

« Pour écouter les disques PATHÉ, il n'y a rien à dépenser, puisque le saphir est inusable. »

CONCLUSION. — Les disques PATHÉ tout en étant supérieurs seront toujours meilleur marché.

con
pér
dis
de
que

les

P

Gr

Gr

us les
e four

# Conditions Générales de Vente

PRIX NETS au **Comptant** sans escompte.

PAIEMENT à la **Commande** par mandat postal.

EMBALLAGE **Gratuit.**

ENVOI **Franco** par colis postal pour toute commande **d'au moins trois disques.**

## AVIS IMPORTANT

Nous prions instamment nos Clients de nous transmettre leurs commandes de Disques comme suit :

1º En indiquant les **Numéros seulement** et non les titres;

2º En indiquant quelques **Numéros supplémentaires,** afin de nous permettre de remplacer éventuellement ceux qui pourraient manquer. — A défaut, nous les remplacerions, au mieux, par les meilleurs numéros disponibles dans le genre choisi.

Nous rappelons également que nos prix de vente ne nous permettent de supporter ni frais d'encaissement, ni comptabilité spéciale; en conséquence : **le montant des envois doit nous être adressé à la Commande.**

*Nous prions nos Clients de nous accorder quelques jours pour préparer les envois.*

**Pour des raisons de fabrication, il nous est impossible de modifier l'accouplement des disques " DOUBLE FACE " du présent catalogue**

## PRIX :

*Grands Disques de 28 c/m de diamètre (SIMPLE FACE)*
*la pièce :* **3 fr. 50**

*Grands Disques de 28 c/m de diamètre (DOUBLE FACE)*
*(2 morceaux), la pièce :* **5 fr.**

us les disques double face figurant dans le présent répertoire peuvent re fournis en disque simple face. Il suffit d'indiquer le numéro choisi.

# RÉPERTOIRE FRANÇAIS

Liste par ordre alphabétique des célébrités artistiques qui ont interprété
les œuvres du présent répertoire.

## OPÉRAS, OPÉRAS-COMIQUES, OPÉRETTES

## DÉCLAMATION

## CONCERT

# ORCHESTRE

# NOMS

DES

## PRINCIPALES CÉLÉBRITÉS ARTISTIQUES

qui ont interprété les œuvres

DU

## PRÉSENT RÉPERTOIRE

Noms disposés en roue autour du centre « MARTHA chanté par ALBERT ALVAREZ DE L'OPÉRA — 1658 — DISQUE PATHÉ Bté S.G.D.G. » :

AFFRE DE L'OPÉRA — VAN DYCK DE L'OPÉRA — VAGUET DE L'OPÉRA — ANNA THIBAUD des CONTS DES COMes — YVETTE GUILBERT stot des COMes — FERNAND FREY DE LA CIGALE — CHARLUS DE L'ALCAZAR — DRANEM DE L'ELDORADO — MARÉCHAL DE L'ELDORADO — FRAGSON — MERCADIER DE L'ELDORADO — MAYOL DE LA SCALA — POLIN COMIQUE MILITAIRE — Suzanne DESPRÈS DE LA COMie FRise — LOUISE SILVAIN DE LA COMie FRise — SARAH BERNHARDT DE LA COMie FRise — GALIPAUX DU PALAIS ROYAL — DE FÉRAUDY DE LA COMie FRise — SILVAIN DE LA COMie FRise — COQUELIN AINÉ DE LA COMie FRise — MARY BOYER DE L'OP. COMique — MERGUILLIER DE L'OP. COMique — MARGUERITE CARRÉ DE L'OP. COMique — MARIE THIERY DE L'OP. COMique — JANE MÉREY DE L'OP. COMique — BELHOMME DE L'OP. COMique — AUMONIER DE L'OP. COMique — BOYER DE L'OP. COMique — JEAN PÉRIER DE L'OP. COMique — SOULACROIX DE L'OP. COMique — BOUVET DE L'OP. COMique — IMBART DE LA TOUR DE L'OP. COMique — GAUTIER DE L'OP. COMique — LÉON BEYLE DE L'OP. COMique — MARÉCHAL DE L'OP. COMique — TANÉSY DE L'OPÉRA — Mlle CHRÉTIEN VAGUET DE L'OPÉRA — FÉLIA LITVINNE SOLISTE DU TZAR — DELNA DE L'OPÉRA — FOURNETS DE L'OPÉRA — GRESSE DE L'OPÉRA — CHAMBON DE L'OPÉRA — MELCHISSEDEC DE L'OPÉRA — NOTÉ DE L'OPÉRA — RENAUD DE L'OPÉRA — DELMAS DE L'OPÉRA — ROUSSELIÈRE DE L'OPÉRA — LASSALLE DE L'OPÉRA

*ENVOI FRANCO SUR DEMANDE*

DES

# REPERTOIRES INDIVIDUELS

DES CÉLÉBRITÉS CI-DESSUS

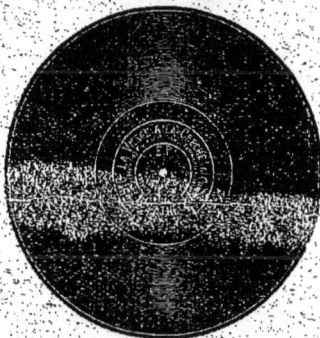

Ténors

# ALBERT ALVAREZ
*de l'Opéra de Paris*

---

## Opéras et Opéras-Comiques

0241 **Faust** (GOUNOD). — Salut, Demeure chaste et pure.
0244 **Faust** (GOUNOD). — Salut, ô mon dernier matin.

1638 **Paillasse** (LEONCAVALLO). — Povero Pagliaccio.
1625 **Roméo et Juliette** (GOUNOD). — Cavatine.

1639 **Otello** (VERDI). — Arioso.
0239 **Otello** (VERDI). — Tout m'abandonne (air du 2e acte).

1644 **Carmen** (BIZET). — Fleur que tu m'avais jetée (la).
1628 **Martha** (FLOTOW). — Lorsqu'à mes yeux.

1651 **Sigurd** (REYER). — Un souvenir poignant.
1634 **Walkyrie** (la) (WAGNER). — Chanson du Printemps.

1655 **Africaine** (l') (MEYERBEER). — Air de Vasco de Gama.
1658 **Joseph** (MÉHUL). — Champ paternel.

1656 **Paillasse** (LEONCAVALLO). — Entrata de Pagliaccio.
1636 **Paillasse** (LEONCAVALLO). — Pauvre Paillasse.

## Mélodies et Romances

0233 **Me cal Mouri** (chanson en patois gascon). JASMIN.
0246 **Se tu m'ami, se sospiri** (arietta antica di 1710-1736). B. PERGOLESI.

Tous les disques double face figurant dans le présent répertoire peuvent être fournis en disque simple face. Il suffit d'indiquer le numéro choisi.

— 11 —

## Ténors
ALVAREZ, de l'Opéra de Paris *(Suite)*

| 1621 | Noël d'amour. | LUIGINI. |
| 1632 | Pour faire sa voix chez Pathé Frères (chanson de marin). | P. DELMET. |
| 1626 | Biniou (le) (chanson bretonne). | DURAND. |
| 1637 | Lasciali dir. | PAOLO TOSTI. |
| 1627 | Stances. | FLÉGIER. |
| 1626 | Biniou (le) (chanson bretonne). | DURAND. |
| 1629 | Rosilla (la) (chanson espagnole). | YRADIER. |
| 1675 | Pur dicesti, o bella bocca ! (arietta de 1667-1740). | ANTONIO LOTTI. |
| 1635 | Si tu le voulais. | PAOLO TOSTI. |
| 1646 | Soir (le). | GOUNOD. |
| 1665 | Musette neuve (la). | P. DUPONT. |
| 1652 | Ninon. | PAOLO TOSTI. |

### DUOS

0236   Favorite (la) (DONIZETTI). — Duo du 4ᵉ acte.
0235   Prophète (le) (MEYERBEER). — Duo du 5ᵉ acte.
par **M. Alvarez** et **Mᵐᵉ Delna**.

❀ ❀ ❀

# VAN DYCK
*de l'Opéra*

## Opéra et Opéra-Comique

0795   Walkyrie (la) (R. WAGNER). — Chant d'amour.
0797   Werther (MASSENET). — Pourquoi me réveiller ?

Les Disques double face portent un numéro sur chaque face. Tou[
il est indispensable d'indiquer ces deux numéros dans chaque command[être

— 12 —

# VAGUET

*de l'Opéra*

---

## Opéras et Opéras-Comiques

**4520**    **Damnation de Faust** (la) (BERLIOZ). — Air de Faust (avec orchestre).
**4537**    **Damnation de Faust** (la) (BERLIOZ). — Invocation à la Nature (avec orchestre).

**4534**    **Joseph** (MÉHUL). — A peine au sortir de l'enfance (avec orchestre).
**4548**    **Joseph** (MÉHUL). — Vainement Pharaon (avec orchestre).

**4538**    **Haydée** (AUBER). — Ah ! que la nuit est belle (avec orchestre).
**4552**    **Favorite** (la) (DONIZETTI). — Un ange, une femme inconnue (avec orchestre).

**4539**    **Don Juan** (MOZART). — Air d'Ottavio (avec orchestre).
**4525**    **Faust** (GOUNOD). — Salut, Demeure chaste et pure (avec orchestre).

**4540**    **Hérodiade** (MASSENET). — Air de Jean (avec orchestre).
**4526**    **Jocelyn** (B. GODARD). — Berceuse (avec orchestre).

**4541**    **Lohengrin** (R. WAGNER). — Récit du Graal (avec orchestre).
**4535**    **Patrie** (PALADILHE). — Madrigal (avec orchestre).

**4543**    **Mignon** (A. THOMAS). — Adieu Mignon (avec orchestre).
**4542**    **Mignon** (A. THOMAS). — Elle ne croyait pas (avec orchestre).

**4546**    **Roméo et Juliette** (GOUNOD). — Ah! lève-toi Soleil (avec orchestre).
**4531**    **Sigurd** (REYER). — Esprits gardiens (avec orchestre).

**4549**    **Carmen** (BIZET). — Fleur que tu m'avais jetée (la) (avec orchestre).
**4550**    **Cid** (le) (MASSENET). — Prière (avec orchestre).

**4553**    **Africaine** (l') (MEYERBEER). — Air de Vasco de Gama (avec orchestre).
**3859**    **Barbier de Séville** (le) (ROSSINI). — Des rayons de l'aurore.

Tous les disques double face figurant dans le présent répertoire peuvent être fournis en disque simple face. Il suffit d'indiquer le numéro choisi.

## Ténors

# Mélodies et Romances

| | | |
|---|---|---|
| 3646 | J'aime à rêver le soir (accompagné p. l'auteur). | GUTTINGUER. |
| 4529 | Je ne sais plus (avec orchestre). | L. FARJALL. |
| | | |
| 3647 | Vie (la). | J. CLÉRICE. |
| 4516 | Vierge à la crèche (la) (avec orchestre). | J. CLÉRICE. |
| | | |
| 3650 | Mireille (chant provençal). | MASSENET, |
| 4524 | Noël d'amour (avec cloches et orchestre). | A. LUIGINI. |
| | | |
| 3651 | Quand tu dors (sérénade). | GOUNOD. |
| 4528 | Quand tu m'aimais (avec orchestre). | L. FARJALL. |
| | | |
| 3658 | Ouvre tes yeux bleus. | MASSENET. |
| 3682 | On a oublié (chanson rustique) (avec clochettes et imitation du rossignol). | L. FARJALL. |
| | | |
| 3659 | Triolets à Marie | GOLLIN. |
| 3685 | Trois roses (les). | J. DARIEN. |
| | | |
| 3665 | Chanson du baiser (la). | I. DE LARA. |
| 3669 | Chemin d'amour. | E. TRÉPARD. |
| | | |
| 3668 | Berceuse d'amour. | P. DELMET. |
| 4532 | Ce Matin-là (avec orchestre). | J. DARIEN. |
| | | |
| 3733 | Vous êtes jolie | P. DELMET. |
| 3647 | Vie (là). | J. CLÉRICE. |
| | | |
| 3735 | Serments d'amour. | F. RAYNAL. |
| 4527 | Sourire (le) (avec orchestre). | E. PESSARD. |
| | | |
| 3746 | Pensée d'Automne. | MASSENET. |
| 3746 *bis* | Pensée d'Automne *(suite)*. | MASSENET. |
| | | |
| 3753 | Lamento | J. DARIEN. |
| 3683 | Libellule (la) (avec violon et piano). | L. FARJALL. |

**VAGUET, de l'Opéra** *(Suite)*    **Ténors**

| | | |
|---|---|---|
| 4518 | Petits Bambins d'amour (avec orchestre). | DELABRE. |
| 4547 | Plaisir d'amour (avec orchestre). | MARTINI. |
| 4521 | Ce que dit la brise (avec orchestre). | WEKERLIN. |
| 3648 | C'est mon Ami (vieille chanson française tirée des « Chansons de nos Pères » 1773). | MARIE-ANTOINETTE. |
| 4522 | Aimons-nous (avec orchestre). | L. FARJALL. |
| 4523 | Bouquet (le) (avec orchestre). | J. CLÉRICE. |
| 4530 | Dis-lui (avec orchestre). | L. FARJALL. |
| 3697 | Dors enfant (accompagné par l'auteur). | E. PESSARD. |
| 4533 | Pensez à moi (avec orchestre). | L. FARJALL. |
| 3684 | Petit Siffleur (le) (chanson rustique) (avec petite flûte et piano). | L. FARJALL. |
| 4536 | Cosi fan tutte (avec orchestre). | MOZART. |
| 4519 | Credo d'amour (le) (avec orchestre). | A. LUIGINI. |
| 4544 | Faiblesse (avec orchestre). | MATHÉ. |
| 4517 | Inquiétude (avec orchestre). | E. PESSARD. |
| 4551 | Stances (avec orchestre). | FLÉGIER. |
| 3667 | Ton Sourire. | A. CATHERINE. |

## Morceaux Religieux

| | | |
|---|---|---|
| 3675 | Ave Maria (avec violon et orgue). | CHERUBINI. |
| 3672 | Ave Maria (avec violon et orgue, accompagnement de violon par M. G. Aubert, 1er prix du Conservatoire). | GOUNOD. |
| 3678 | O Salutaris (avec violon et orgue). | FAURE. |
| 3679 | Pie Jesu (avec violon et orgue). | STRADELLA. |

Tous les disques double face figurant dans le présent répertoire peuvent être fournis en disque simple face. Il suffit d'indiquer le numéro choisi.

## Ténors

### DUOS

3758 **Faust** (Gounod). — Entrée de Méphisto (1er acte).
3759 **Faust** (Gounod). — Entrée de Méphisto (1er acte) (suite).
par **MM. Vaguet** et **Gresse**

---

3762 **Roméo et Juliette** (Gounod). — Fragment du 3e acte.
3761 **Roméo et Juliette** (Gounod). — Madrigal.

3762 **Roméo et Juliette** (Gounod). — Fragment du 3e acte.
3763 **Faust** (Gounod). — Fragment du 2e acte.
par **M. Vaguet** et **Mme Jane Mérey**

---

0710 **Mignon** (Thomas). — Duo des hirondelles.
par **Mlle Mary Boyer** et **M. Aumonier**
3852 **Robert le Diable** (Meyerbeer). — Ah! l'honnête homme (fragment).
par **MM. Vaguet** et **Aumonier**

---

2030 **Flûte Enchantée** (la) (Mozart). — Ton cœur m'attend.
par **Mme Jane Mérey** et **M. Piccaluga**
3763 **Faust** (Gounod). — Fragment du 2e acte.
par **M. Vaguet** et **Mme Jane Mérey**

---

2591 **Noël** (Adam). — par **M. Bouvet**
3760 **Crucifix** (le) (Faure). — par **MM. Vaguet** et **Bouvet**.

---

3761 **Roméo et Juliette** (Gounod). — Madrigal.
par **M. Vaguet** et **Mme Jane Mérey**
3852 **Robert le Diable** (Meyerbeer). — Ah! l'honnête homme (fragment).
par **MM. Vaguet** et **Aumonier**

---

Les Disques double face portent un numéro sur chaque face
il est indispensable d'indiquer ces deux numéros dans chaque commande.

# AFFRE

*de l'Opéra*

## Opéras et Opéras-Comiques

| | |
|---|---|
| 3481 | **Rigoletto** (VERDI). — Comme la plume au vent. |
| 3493 | **Reine de Saba** (la) (GOUNOD). — Inspirez-moi, Race divine. |
| | |
| 3482 | **Africaine** (l') (MEYERBEER). — Air de Vasco de Gama. |
| 3483 | **Aïda** (VERDI). — O céleste Aïda. |
| | |
| 3485 | **Roméo et Juliette** (GOUNOD). — Cavatine. |
| 3508 | **Roméo et Juliette** (GOUNOD). — Scène du Tombeau. |
| | |
| 3487 | **Faust** (GOUNOD). — Salut, ô mon dernier matin. |
| 3505 | **Favorite** (la) (DONIZETTI). — Ange si pur. |
| | |
| 3488 | **Rigoletto** (VERDI). — Fragment du quatuor. |
| 3494 | **Rigoletto** (VERDI). — Qu'une belle, pour quelques instants. |
| | |
| 3490 | **Mage** (le) (MASSENET). — Air du Mage. |
| 3507 | **Prophète** (le) (MEYERBEER). — Pour Bertha, moi je soupire. |
| | |
| 3492 | **Attaque du Moulin** (l') (BRUNEAU). — Adieu forêts. |
| 3486 | **Carmen** (BIZET). — Fleur que tu m'avais jetée (la). |
| | |
| 3506 | **Trouvère** (le) (VERDI). — Miserere. |
| 3482 | **Africaine** (l') (MEYERBEER). — Air de Vasco de Gama. |
| | |
| 3509 | **Huguenots** (les) (MEYERBEER). — Entrée de Raoul. |
| 3496 | **Huguenots** (les) (MEYERBEER). — Plus blanche que la blanche hermine. |
| | |
| 3511 | **Huguenots** (les) (MEYERBEER). — Beauté divine. |
| 3484 | **Guillaume Tell** (ROSSINI). — Asile héréditaire. |

Tous les disques double face figurant dans le présent répertoire peuvent être fournis en disque simple face. Il suffit d'indiquer le numéro choisi.

**Ténors**

## Romances

| | | |
|---|---|---|
| 3497 | Parais à ta fenêtre (sérénade). | L. GREGH. |
| 3491 | Quand l'oiseau chante. | TAGLIAFICO. |
| 3497 | Parais à ta fenêtre (sérénade). | L. GREGH. |
| 3499 | Violettes (les). | F. RAMEAU. |

## DUOS

0692 **Fauvette du Temple** (la) (MESSAGER). — Duo des Chameliers, par M^me **Tanésy** et M. **Chambon**

0731 **Sigurd** (REYER). — Duo de la fontaine, par M. **Affre** et M^me **Tanésy**

0730 **Faust** (GOUNOD). — Laisse-moi contempler ton visage.

0731 **Sigurd** (REYER). — Duo de la fontaine. par M. **Affre** et M^me **Tanésy**

# ROUSSELIÈRE

*de l'Opéra*

## Opéras

4712 **Sigurd** (REYER). — Esprits gardiens (avec orchestre).

4711 **Roi d'Ys** (le) (E. LALO). — Vainement ma Bien-Aimée (avec orchestre).

4713 **Faust** (GOUNOD). — Salut, Demeure chaste et pure (avec orchestre).

4710 **Damnation de Faust** (la) (BERLIOZ). — Invocation à la Nature (avec orchestre).

Les Disques double face portent un numéro sur chaque face il est indispensable d'indiquer ces deux numéros dans chaque commande.

Ténors

# NUIBO
*de l'Opéra*

## Opéras et Opéras-Comiques

4567 **Mignon** (A. THOMAS). — Elle ne croyait pas (avec orchestre).
4566 **Roméo et Juliette** (GOUNOD). — Scène du Tombeau (avec orchestre).

4569 **Lakmé** (LÉO DELIBES). — O divin mensonge (avec orchestre).
4660 **Vie de Bohême** (la) (PUCCINI). — Eh bien ! je suis poète (av. orchestre).

4571 **Martha** (FLOTOW). — Air des Larmes (avec orchestre).
4568 **Manon** (MASSENET). — Ah ! fuyez douce image (avec orchestre).

4573 **Carmen** (BIZET). — Fleur que tu m'avais jetée (la) (avec orchestre).
4570 **Cavalleria Rusticana** (MASCAGNI). — Sicilienne (avec orchestre).

4576 **Faust** (GOUNOD). — Salut, ô mon dernier matin (avec orchestre).
4575 **Maîtres Chanteurs** (les) (WAGNER). — Air de David (avec orchestre).

4578 **Manon** (MASSENET). — En fermant les yeux (avec orchestre).
4579 **Guillaume Tell** (ROSSINI). — Accours dans ma nacelle (avec orchestre).

## Mélodies

4565 **Stances** (avec orchestre)        FLÉGIER.
4564 **Souhaits à la France** (chanson-marche)
    (avec chœurs et orchestre)      E. PESSARD.

4574 **Noël d'amour** (avec cloches et orchestre)    LUIGINI.
4577 **Laura** (sérénade napolitaine), drame musical
    (avec orchestre)        PONS.

Tous les disques double face figurant dans le présent répertoire peuvent être fournis en disque simple face. Il suffit d'indiquer le numéro choisi.

**Ténors**

# JAUME
*de l'Opéra*

## Opéras

4800   Sigurd (REYER). — Esprits gardiens (avec orchestre).
4803   Trouvère (le) (VERDI). — Supplice infâme (avec orchestre).

4801   Africaine (l') (MEYERBEER). — Air de Vasco de Gama (avec orchestre).
4804   Huguenots (les) (MEYERBEER). — Plus blanche que la blanche hermine (avec orchestre).

4802   Guillaume Tell (ROSSINI). — O Mathilde (avec orchestre).
0316   Guillaume Tell (ROSSINI). — Asile héréditaire.

# MARÉCHAL
*de l'Opéra-Comique*

## Opéras et Opéras-Comiques

0324   Mignon (A. THOMAS). — Elle ne croyait pas.
0325   Roi d'Ys (le) (E. LALO). — Vainement ma Bien-Aimée.

0326   Sigurd (REYER). — Esprits gardiens.
0324   Mignon (A. THOMAS). — Elle ne croyait pas.

0329   Jongleur de Notre-Dame (le) (MASSENET). — Air du Ténor.
0323   Manon (MASSENET). — Ah ! fuyez douce image.

Les Disques double face portent un numéro sur chaque face il est indispensable d'indiquer ces deux numéros dans chaque commande.

Ténors

# BEYLE

*de l'Opéra-Comique*

## Opéras et Opéras-Comiques

3242 **Tosca** (la) (PUCCINI). — Air de la Lettre.
3248 **Mignon** (A. THOMAS). — Adieu, Mignon, courage.

3244 **Manon** (MASSENET). — Ah! fuyez douce image.
3241 **Manon** (MASSENET). — Rêve de Des Grieux (le).

3245 **Fille de Roland** (la) (RABAUD). — Chanson des Epées.
3252 **Grisélidis** (MASSENET). — Chanson d'Alain.

3246 **Faust** (GOUNOD). — Salut, Demeure chaste et pure.
3249 **Martha** (FLOTOW). — Lorsqu'à mes yeux.

3247 **Carmen** (BIZET). — Fleur que tu m'avais jetée (la).
3251 **Cavalleria Rusticana** (MASCAGNI). — Sicilienne.

3248 **Mignon** (A. THOMAS). — Adieu, Mignon, courage.
3239 **Roi d'Ys** (le) (E. LALO). — Aubade du Roi d'Ys.

## DUOS

0672 **Roi d'Ys** (le) (E. LALO). — A l'Autel, j'allais rayonnant.
0673 **Manon** (MASSENET). — La Rencontre.

0673 **Manon** (MASSENET). — La Rencontre.
0674 **Manon** (MASSENET). — La Lettre,
      par **M. Beyle** et **Mᵐᵉ Marguerite Carré**

3941¹ **Mireille** (GOUNOD). — O Magali!
3941² **Mireille** (GOUNOD). — O Magali! *(suite).*
      par **M. Beyle** et **Mˡˡᵉ Mary Boyer**

Tous les disques double face figurant dans le présent répertoire peuvent être fournis en disque simple face. Il suffit d'indiquer le numéro choisi.

**Ténors**

# GAUTIER
*de l'Opéra-Comique*

## Opéras et Opéras-Comiques

4681    Juive (la) (HALÉVY). — Prière de la Pâque (avec orchestre).
4680    Juive (la) (HALÉVY). — Rachel quand du Seigneur (avec orchestre).

4682    Dragons de Villars (les) (MAILLART). — Ne parle pas (avec orchestre).
4685    Faust (GOUNOD). — Salut, demeure chaste et pure (avec orchestre).

4684    Werther (MASSENET). — Pourquoi me réveiller ? (avec orchestre).
4681    Juive (la) (HALÉVY). — Prière de la Pâque (avec orchestre).

4687    Guillaume Tell (ROSSINI). — Asile héréditaire (avec orchestre).
4686    Guillaume Tell (ROSSINI). — O Mathilde (avec orchestre).

4688    Martha (FLOTOW). — Lorsqu'à mes yeux (avec orchestre).
4689    Huguenots (les) (MEYERBEER). — Plus blanche que la blanche hermine (avec orchestre).

## DUOS

4617    Carmen (BIZET). — Ma mère, je la revois (avec orchestre).
4618    Dragons de Villars (les) (MAILLART). — Moi jolie (avec orchestre).

4619    Mireille (GOUNOD). — O Magali ! (avec orchestre).
4617    Carmen (BIZET). — Ma mère, je la revois (avec orchestre).
par M. Gautier et Mlle Mary Boyer

Les Disques double face portent un numéro sur chaque face
il est indispensable d'indiquer ces deux numéros dans chaque commande.

**GAUTIER, de l'Opéra-Comique** *(Suite)* **Ténors**

0681   **Carmen** (BIZET). — Je suis Escamillo,
par **MM. Gautier** et **Weber**
4618   **Dragons de Villars** (les) (MAILLART). — Moi, jolie, (avec orchestre),
par **M. Gautier** et **M<sup>lle</sup> Mary Boyer**

4619   **Mireille** (GOUNOD). — O Magali ! (avec orchestre),
par **M. Gautier** et **M<sup>lle</sup> Mary Boyer**
0702   **Hamlet** (A. THOMAS). — Doute de la lumière,
par **M<sup>lle</sup> Mary Boyer** et **M. Weber**

❋ ❋ ❋

# DAVID DEVRIÈS

*de l'Opéra-Comique*

## Opéras et Opéras-Comiques

0046   **Basoche** (la) (MESSAGER). — Quand tu connaîtras Colette.
4592   **Astarté** (X. LEROUX). — Adieux d'Hercule (les) (avec orchestre).

0047   **Basoche** (la) (MESSAGER). — A ton amour simple et sincère.
0045   **Basoche** (la) (MESSAGER). — Chanson de Clément.

0053   **Princesse Jaune** (la) (SAINT-SAËNS). — Air du Rêve.
0070   **Roi d'Ys** (le) (E. LALO). — Vainement, ma Bien-Aimée.

0054   **Jongleur de Notre-Dame** (le) (MASSENET). — Liberté (air du ténor).
4587   **Lakmé** (LÉO DELIBES). — Prendre le dessin d'un bijou (avec orchestre).

Tous les disques double face figurant dans le présent répertoire peuvent être fournis en disque simple face. Il suffit d'indiquer le numéro choisi.

## Ténors — DAVID DEVRIES, de l'Opéra-Comique *(Suite)*

0066 — **Vivandière** (la) (B. GODARD). — Laisse glisser tes yeux.
4588 — **Werther** (MASSENET). — Pourquoi me réveiller ? (avec orchestre).

0072 — **Lakmé** (Léo DELIBES). — Ah ! viens dans la forêt profonde.
0044 — **Lakmé** (Léo DELIBES). — Prendre le dessin d'un bijou.

0081 — **Lohengrin** (WAGNER). — Adieux de Lohengrin.
0080 — **Manon** (MASSENET). — En fermant les yeux.

0082 — **Traviata** (la) (VERDI). — Non, non, loin d'elle.
4598 — **Werther** (MASSENET). — Un autre est son époux (avec orchestre).

4590 — **Jongleur de Notre-Dame** (le) (MASSENET). — Alleluia du vin (avec orchestre).
4589 — **Jongleur de Notre-Dame** (le) (MASSENET). — Chanson de guerre (avec orchestre).

4593 — **Mignon** (A. THOMAS). — Adieu, Mignon, courage (avec orchestre).
4596 — **Mignon** (A. THOMAS). — Elle ne croyait pas (avec orchestre).

## Mélodies

0071 — **Ne dormez plus.** — A. WOLFF.
4597 — **Bon Guide** (le) (avec orchestre). — A. WOLFF.

4594 — **Inquiétude** (avec orchestre). — E. PESSARD
4591 — **Petits Bambins d'amour** (avec orchestre). — G. DELABRE.

4597 — **Bon Guide** (le) (avec orchestre). — A. WOLFF.
4595 — **Menuet Pompadour** (avec orchestre). — B. GODARD.

Les Disques double face portent un numéro sur chaque face il est indispensable d'indiquer ces deux numéros dans chaque commande.

**Ténors**

# IMBART DE LA TOUR

*du Théâtre de la Monnaie, Bruxelles*

## Opéras et Opéras-Comiques

0269    **Manon** (MASSENET). — Ah ! fuyez douce image.
0277    **Muette de Portici** (la) (AUBER). — Cavatine du Sommeil.

0271    **Iphigénie en Tauride** (GLÜCK). — Air de Pylade.
4585    **Huguenots** (les) (MEYERBEER). — Plus blanche que la blanche
        hermine (avec orchestre).

4580    **Walkyrie** (la) (WAGNER). — Chanson du Printemps (avec orchestre).
4582    **Werther** (MASSENET). — Pourquoi me réveiller ? (avec orchestre).

4581    **Lohengrin** (WAGNER). — Récit du Graal (avec orchestre).
0272    **Maîtres Chanteurs** (les) (WAGNER). — Couplets de Walter.

4583    **Cid** (le) (MASSENET). — Prière (avec orchestre).
4584    **Hérodiade** (MASSENET). — Air de Jean (avec orchestre).

4586    **Sigurd** (REYER). — Esprits gardiens (avec orchestre).
0273    **Tannhäuser** (le) (WAGNER). — Hymne à Vénus.

## Mélodies

0270    **Heureux vagabond** (l').                          BRUNEAU.
0268    **Pensée d'Automne.**                               MASSENET.

---

# LASSALLE

*de l'Opéra*

---

3905¹   **Pensée d'Automne.**                               MASSENET.
3905²   **Pensée d'Automne** (*suite*).                     MASSENET.

Tous les disques double face figurant dans le présent répertoire peuvent être fournis en disque simple face. Il suffit d'indiquer le numéro choisi.

**Barytons**

# DELMAS
*de l'Opéra*

## Opéras et Mélodies

2494  **Patrie** (PALADILHE). — Pauvre martyr obscur.
2497  **Pauvres fous** (TAGLIAFICO) (mélodie).

2496  **Faust** (GOUNOD). — Scène de l'Eglise.
2495  **Huguenots** (les) (MEYERBEER). — Bénédiction des poignards.

2497  **Pauvres Fous** (TAGLIAFICO).
2499  **Le Cosaque** (MONIUSKO).

# RENAUD
*de l'Opéra*

## Opéras, Opéras-Comiques et Mélodie

3381  **Carmen** (BIZET). — Air du Toréador.
3383  **Damnation de Faust** (la) (BERLIOZ). — Voici des roses.

3384  **Soir** (le) (GOUNOD) (mélodie).
3385  **Favorite** (la) (DONIZETTI). — Grand air.

3385  **Favorite** (la) (DONIZETTI). — Grand air.
3382  **Roi de Lahore** (le) (MASSENET). — Promesse de mon avenir.

3386  **Sigurd** (REYER). — Et toi Freïa.
3387  **Tannhäuser** (le) (WAGNER). — Romance de l'Étoile.

Les Disques double face portent un numéro sur chaque face
il est indispensable d'indiquer ces deux numéros dans chaque commande.

**Barytons**

# NOTÉ
*de l'Opéra*

## Opéras

| | | |
|---|---|---|
| 2733 | **Patrie** (PALADILHE). — Pauvre martyr obscur. | |
| 2747 | **Trouvère** (le) (VERDI). — Son regard, son doux sourire. | |
| 2748 | **Hamlet** (A. THOMAS). — Comme une pâle fleur (arioso). | |
| 2744 | **Hamlet** (A. THOMAS). — Chanson bachique. | |
| 2755 | **Benvenuto Cellini** (DIAZ). — De l'Art, splendeur immortelle. | |
| 2741 | **Hérodiade** (MASSENET). — Vision fugitive. | |

## Mélodies

| | | |
|---|---|---|
| 2743 | **Chanson des Peupliers** (la). | DORIA. |
| 2754 | **Charité** (la). | FAURE. |
| 2753 | **Credo du Paysan** (le). | GOUBLIER. |
| 2743 | **Chanson des Peupliers** (la). | DORIA. |

# SOULACROIX
*de l'Opéra-Comique*

## Opéras et Opéras-Comiques

| | | |
|---|---|---|
| 0291 | **Basoche** (la) (MESSAGER). — Je suis aimé de la plus belle. | |
| 0293 | **Basoche** (la) (MESSAGER). — J'irai chez les oiseaux mes frères. | |

Tous les disques double face figurant dans le présent répertoire peuvent être fournis en disque simple face. Il suffit d'indiquer le numéro choisi.

## Barytons

SOULACROIX de l'Opéra-Comique *(Suite)*

0292 — **Basoche** (la) (MESSAGER). — Quand tu connaîtras Colette.
3706 **Coupe du Roi de Thulé** (la) (DIAZ). — Il est venu (grand air).

0343 **Dragons de Villars** (les) (MAILLART). — Chanson à boire.
0340 **Dragons de Villars** (les) (MAILLART). — Quand le Dragon a bien trotté.

0442 **Noces de Jeannette** (les) (V. MASSÉ). — Enfin me voilà seul.
0440 **Noces de Jeannette** (les) (V. MASSÉ). — Margot, lève ton sabot.

3690 **Trouvère** (le) (VERDI). — Son regard, son doux sourire.
3717 **Zampa** (HÉROLD). — Douce jouvencelle.

3703 **Paul et Virginie** (V. MASSÉ). — N'envoyez pas le jeune maître.
3702 **Paul et Virginie** (V. MASSÉ). — Oiseau s'envole (l').

3704 **Jongleur de Notre-Dame** (le) (MASSENET). — Air du Prieur.
3691 **Jongleur de Notre-Dame** (le) (MASSENET). — Légende de la Sauge.

3707 **Hamlet** (A. THOMAS). — Chanson bachique.
3713 **Haydée** (AUBER). — A la voix séduisante.

3708 **Africaine** (l') (MEYERBEER). — Fille des Rois.
3712 **Barbier de Séville** (le) (ROSSINI). — Air de Figaro.

3716 **Zampa** (HÉROLD). — Que la vague écumante.
3718 **Zampa** (HÉROLD). — Toi dont la grâce séduisante.

3720 **Ombre** (l') (FLOTOW). — Midi, minuit.
3719 **Ombre** (l') (FLOTOW). — Quand je monte Cocotte.

3721 **Joconde** (la) (NICOLO). — Dans un délire extrême.
3715 **Si j'étais Roi** (ADAM). Dans le sommeil.

3722 **Timbre d'Argent** (le) (SAINT-SAËNS). — De Naples à Florence.
3695 **Traviata** (la) (VERDI). — Lorsqu'à de folles amours.

Les Disques double face portent un numéro sur chaque face
il est indispensable d'indiquer ces deux numéros dans chaque commande.

**SOULACROIX**, de l'Opéra-Comique *(Suite)*        **Barytons**

## Opérettes

| 3723 | **Rip** (PLANQUETTE). — Couplets de la Paresse. |
| 3724 | **Rip** (PLANQUETTE). — Romance des enfants. |

| 3725 | **Panurge** (PLANQUETTE). — Berceuse. |
| 3726 | **Panurge** (PLANQUETTE). — Chanson à boire. |

## Mélodies

| 3689 | **Pensée d'Automne.** | MASSENET. |
| 3727 | **Quand l'oiseau chante.** | TAGLIAFICO. |

# BOUVET

*de l'Opéra-Comique*

| 2599 | **Lakmé** (LEO DELIBES). — Ton doux regard se voile. |
| 4900 | **Philémon et Baucis** (GOUNOD). — Que les songes heureux (avec orchestre). |

| 4901 | **Tannhäuser** (le) (WAGNER). — Romance de l'Étoile (avec orchestre). |
| 4902 | **Joconde** (NICOLO). — Dans un délire extrême (avec orchestre). |

## DUO

| 2591 | **Noël** (ADAM). — Par **M. Bouvet.** |
| 3760 | **Crucifix** (le) (FAURE). — Par **MM. Bouvet et Vaguet** |

Tous les disques double face figurant dans le présent répertoire peuvent être fournis en disque simple face. Il suffit d'indiquer le numéro choisi.

**Barytons**

# ALBERS

*de l'Opéra-Comique et du Théâtre de la Monnaie, Bruxelles*

## Opéras et Opéra-Comique

0966  Roi de Lahore (le) (MASSENET). — Promesse de mon avenir.
0973  Hamlet (A. THOMAS). — Comme une pâle fleur.

0967  Benvenuto Cellini (DIAZ). — De l'Art, splendeur immortelle.
0965  Tannhäuser (le) (WAGNER). — Jadis quand tu luttais.

0971  Grisélidis (MASSENET). — Oiseau captif (l').
0970  Grisélidis (MASSENET). — Tristesse.

0972  Tosca (la) (PUCCINI). — Air de Scarpia.
0971  Grisélidis (MASSENET). — Oiseau captif (l').

## Mélodies

0969  Colinette (ALLARY).
0964  Rondel de l'Adieu (I. DE LARA).

❀ ❀ ❀

# VIANNENC

*de l'Opéra-Comique et du Théâtre de la Monnaie, Bruxelles*

0939  Si j'étais Roi (ADAM). — Dans le sommeil.
4920  Petite Mariée (la) (LECOCQ). — Le jour où tu te marieras.

0940  Paul et Virginie (V. MASSÉ.) — L'oiseau s'envole.
0941  Dragons de Villars (les) (MAILLART). — Quand le dragon a bien trotté.

0942  Amour de moi (l') (X. X. X.) (vieille mélodie du xvᵉ siècle).
0943  Si tu le voulais (P. TOSTI) (mélodie).

0944  Psyché (PALADILHE) (mélodie).
0950  Mireille (GOUNOD). — Si les filles d'Arles.

Les Disques double face portent un numéro sur chaque face
il est indispensable d'indiquer ces deux numéros dans chaque commande.

# DARAUX

*des Concerts Colonne*

## Opéras et Mélodie

0183 **Patrie** (PALADILHE). — Couplets du Sonneur.
0185 **Cloches** (les) (mélodie) (GOUNOD).

0183 **Patrie** (PALADILHE). — Couplets du Sonneur.
0358 **Tannhäuser** (le) (WAGNER). — Romance de l'Etoile.

0355 **Bal Masqué** (le) (VERDI). — Lève-toi là dans l'ombre.
0360 **Faust** (GOUNOD). — Ballade de Méphisto.

0356 **Africaine** (l') (MEYERBEER). — Ballade de Nélusko.
0357 **Africaine** (l') (MEYERBEER). — Fille des Rois.

# BOYER

*de l'Opéra-Comique et du Théâtre de la Monnaie, Bruxelles*

## Opéras, Opéras-Comiques et Opérettes

0025 **Charles VI** (HALÉVY). — C'est grand'pitié.
4751 **Noces de Jeannette** (les) (V. MASSÉ). — Margot lève ton sabot (avec orchestre).

0043 **Don Juan** (MOZART). — Je suis sous ta fenêtre (sérénade).
0128 **Grisélidis** (MASSENET). — Loin de sa femme.

Tous les disques double face figurant dans le présent répertoire peuvent être fournis en disque simple face. Il suffit d'indiquer le numéro choisi.

— 31 —

## Barytons

0076 **Favorite** (la) (DONIZETTI). — Pour tant d'amour.
0507 **Voyage en Chine** (le) (BAZIN). — Quand le soleil.

0228 **Louise** (G. CHARPENTIER). — Voir naître un enfant.
0407 **Manon** (MASSENET). — Épouse quelque brave fille.

0389 **Joconde** (la) (NICOLO). — Dans un délire extrême.
4752 **Jongleur de Notre-Dame** (le) (MASSENET). — Légende de la Sauge (avec orchestre).

0598 **François-les-Bas-Bleus** (BERNICAT et MESSAGER). — C'est François-les-Bas-Bleus.
1034 **Noël** (ADAM).

0629 **Madame Favart** (OFFENBACH). — C'est la lumière, c'est la flamme.
0587 **Fille de Madame Angot** (la) (LECOCQ). — Certainement, j'aimais Clairette.

0643 **Mousquetaires au Couvent** (les) (VARNEY). — Pour faire un brave mousquetaire.
0654 **Petit Duc** (le) (LECOCQ). — Chanson du petit bossu.

0660 **Petite Mariée** (la) (LECOCQ). — Le jour où tu te marieras.
4754 **Mousquetaires au Couvent** (les) (VARNEY). — Pour faire un brave mousquetaire (avec orchestre).

4751 **Noces de Jeannette** (les) (V. MASSÉ). — Margot lève ton sabot (avec orchestre).
4753 **Richard Cœur-de-Lion** (GRÉTRY). — O Richard ! ô mon roi (avec orchestre).

Les Disques double face portent un numéro sur chaque face il est indispensable d'indiquer ces deux numéros dans chaque commande

## Barytons

# PICCALUGA

*de l'Opéra-Comique*

## DUOS

2030 **Flûte Enchantée** (la) (MOZART). — Ton cœur m'attend.
par **M. Piccaluga** et **M**me **Jane Mérey**
3763 **Faust** (GOUNOD). — Fragment du 2e acte.
par **M. Vaguet** et **M**me **Jane Mérey**

# CORPAIT

*de l'Opéra-Comique*

## Opéras et Mélodie

4881 **Africaine** (l') (MEYERBEER). — Fille des Rois (avec orchestre).
4882 **Prière** (GOUNOD), mélodie (avec orchestre).

4883 **Henri VIII** (SAINT-SAËNS). — Qui donc commande ? (avec orchestre).
4880 **Hérodiade** (MASSENET). — Vision fugitive (avec orchestre).

Tous les disques double face figurant dans le présent répertoire peuvent être fournis en disque simple face. Il suffit d'indiquer le numéro choisi.

**Barytons**

# WEBER
*du Théâtre Lyrique*

## Opéra et Mélodie

| | | |
|---|---|---|
| 0020 | Benvenuto Cellini (DIAZ). — De l'Art, splendeur immortelle. | |
| 0854 | Angelus de la mer (l') (GOUBLIER) (mélodie). | |

## Mélodies et Romances

| 0854 | Angelus de la mer (l'). | GOUBLIER. |
|---|---|---|
| 0918 | Chanson des peupliers (la) | DORIA. |
| 0913 | Clairon (le). | DÉROULÈDE. |
| 2676 | Cloches (les). | M. LEGAY. |
| 2726 | Pourquoi files-tu ? | M. LEGAY. |
| 1723 | Sentinelles, veillez. | FRAGEROLLES. |
| 2742 | Son amant. | GOUBLIER. |
| 2752 | Yeux (les). | TEULET. |
| 2841 | Cordier (le). | FRAGEROLLES. |
| 1010 | Marche Lorraine. | L. GANNE. |

## DUOS

| 0681 | Carmen (BIZET). — Je suis Escamillo. par MM. Weber et Gautier |
|---|---|
| 4618 | Dragons de Villars (les) (MAILLART). — Moi, jolie (avec orchestre). par M. Gautier et Mlle Mary Boyer |
| 0702 | Hamlet (A. THOMAS). — Doute de la lumière. par M. Weber et Mlle Mary Boyer |
| 4619 | Mireille (GOUNOD). — O Magali ! (avec orchestre). par M. Gautier et Mlle Mary Boyer |

Les Disques double face portent un numéro sur chaque face, il est indispensable d'indiquer ces deux numéros dans chaque commande

— 34 —

## Barytons

# MARIO ANCONA

*du Théâtre Covent-Garden, de Londres*

### Mélodies

| | | |
|---|---|---|
| 4300 | **Chanson de l'adieu** (la). | PAOLO TOSTI. |
| 4305 | **Heure exquise** (l'). | REYNALDO HAHN. |

❖ ❖ ❖

## Basses

# GRESSE

*de l'Opéra*

### Opéras et Opéras-Comiques

| | | |
|---|---|---|
| 0500 | **Faust** (GOUNOD). — Ronde du Veau d'Or. |
| 0501 | **Faust** (GOUNOD). — Sérénade. |
| 0502 | **Huguenots** (les) (MEYERBEER). — Bénédiction des poignards. |
| 0505 | **Philémon et Baucis** (GOUNOD). — Couplets de Vulcain. |
| 0503 | **Saisons** (les) (V. MASSÉ). — Chanson du Blé. |
| 0508 | **Songe d'une Nuit d'Été** (le) (A. THOMAS). — Allons que tout s'apprête. |
| 0509 | **Étoile du Nord** (l') (MEYERBEER). — Pour fuir son souvenir. |
| 0499 | **Faust** (GOUNOD). — Souviens-toi du passé. |

Tous les disques double face figurant dans le présent répertoire peuvent être fournis en disque simple face. Il suffit d'indiquer le numéro choisi.

**Basses**

## Chant National et Mélodie

| | | |
|---|---|---|
| 0506 | **Marseillaise** (la). | ROUGET DE L'ISLE. |
| 0504 | **Deux Grenadiers** (les). | SCHUMANN. |

### DUOS

| | |
|---|---|
| 3758 | **Faust** (GOUNOD). — Entrée de Méphisto (1er acte). |
| 3759 | **Faust** (GOUNOD). — Entrée de Méphisto (1er acte) *(suite)*. |

par **MM. Gresse** et **Vaguet**

# BAER
*de l'Opéra*

## Opéras, Opéras-Comiques et Mélodie

| | |
|---|---|
| 0472 | **Lakmé** (LÉO DÉLIBES). — Ton doux regard se voile. |
| 0475 | **Jolie Fille de Perth** (la) (BIZET). — Quand la flamme de l'amour. |
| 0474 | **Reine de Saba** (la) (GOUNOD). — Sous les pieds d'une femme. |
| 0478 | **Vallon** (le) (GOUNOD) (mélodie). |
| 0474 | **Reine de Saba** (la) (GOUNOD). — Sous les pieds d'une femme. |
| 0479 | **Saisons** (les) (V. MASSÉ). — Chanson du blé. |
| 0476 | **Étoile du Nord** (l') (MEYERBEER). — Pour fuir son souvenir. |
| 0473 | **Mignon** (A. THOMAS). — Berceuse. |
| 4785 | **Roméo et Juliette** (GOUNOD). — Bénédiction (avec orchestre). |
| 4783 | **Robert le Diable** (MEYERBEER). — Évocation des nonnes (avec orchestre). |

Les Disques double face portent un numéro sur chaque face, il est indispensable d'indiquer ces deux numéros dans chaque commande

**BAER, de l'Opéra** *(Suite)*             **Basses**

4786   **Hérodiade** (MASSENET). — Grand air de Phanuel (avec orchestre).
4780   **Juive** (la) (HALÉVY). — Cavatine (avec orchestre).

4787   **Damnation de Faust** (la) (BERLIOZ). — Voici les roses (avec orchestre).
4781   **Faust** (GOUNOD). — Scène de l'Église (avec orchestre).

4788   **Manon** (MASSENET). — Épouse quelque brave fille (avec orchestre).
4789   **Philémon et Baucis** (GOUNOD). — Air de Vulcain (avec orchestre).

❈ ❈ ❈

# BELHOMME

*de l'Opéra-Comique et du Théâtre de la Monnaie, Bruxelles*

## Opéra, Opéras-Comiques et Mélodie

4554   **Chalet** (le) (ADAM). — Vallons de l'Helvétie (avec orchestre).
4555   **Domino Noir** (le) (AUBER). — Deo gratias (avec orchestre).

4557   **Haydée** (AUBER). — A la voix séduisante (avec orchestre).
4561   **Mignon** (A. THOMAS). — Berceuse (avec orchestre).

4558   **Chanson pour Jean** (E. CHIZAT) (avec orchestre) (mélodie).
4556   **Songe d'une Nuit d'été** (le) (A. THOMAS). — Chanson de Falstaff (avec orchestre).

4560   **Patrie** (PALADILHE). — Air du Sonneur (avec orchestre).
4559   **Philémon et Baucis** (GOUNOD). — Air de Vulcain (avec orchestre).

4563   **Caïd** (le) (A. THOMAS). — Air du Tambour-Major (avec orchestre).
4562   **Barbier de Séville** (le) (ROSSINI). — Air de la Calomnie (avec orchestre).

Tous les disques double face figurant dans le présent répertoire peuvent être fournis en disque simple face. Il suffit d'indiquer le numéro choisi.

## Basses

# AUMONIER

*Prix du Conservatoire*

## Opéras et Opéra-Comique

0023  **Charles VI** (HALÉVY). — Guerre aux Tyrans.
0120  **Huguenots** (les) (MEYERBEER). — Pif! Paf!

0120  **Huguenots** (les) (MEYERBEER). — Pif! Paf!
0130  **Jérusalem** (VERDI). — Vous priez vainement le ciel.

## Mélodies

0897  **Cor** (le) (avec cor).                        FLÉGIER.
0896  **Première Leçon** (la).                        WOLFF.

## Duos

0710  **Mignon** (A. THOMAS). — Duo des Hirondelles,
      par **M. Aumonier** et **Mlle Mary Boyer**
3852  **Robert le Diable** (MEYERBEER). — Ah! l'honnête homme (fragment)
      par **MM. Aumonier** et **Vaguet**

3852  **Robert le Diable** (MEYERBEER). — Ah! l'honnête homme (fragment).
      par **MM. Aumonier** et **Vaguet**
3761  **Roméo et Juliette** (GOUNOD). — Madrigal.
      par **M. Vaguet** et **Mme Jane Mérey**

Les Disques double face portent un numéro sur chaque face
il est indispensable d'indiquer ces deux numéros dans chaque commande

## Soprani

# MARIA GALVANY

## Opéras et Opéras-Comiques

4118    **Rigoletto** (VERDI). — Aria di Gilda.
4119    **La Traviata** (VERDI). — Sempre libera.

4120    **Il Barbiere di Siviglia** (ROSSINI). — Andante della Cavatina.
4132    **Il Barbiere di Siviglia** (ROSSINI). — Allegretto della Cavatina.

4121    **Variazioni di Proch** (PROCH).
4122    **Lakmé** (LÉO DELIBES). — Aria dei Campanelli.

4123    **Mirella** (GOUNOD). — Valzer (*avec flûte*).
4125    **Dinorah** (MEYERBEER). — Valzer (*avec flûte*).

4124    **Lucia di Lammermoor** (GOUNOD). — Rondo andante (*avec flûte*).
4126    **Il Flauto Magico** (MOZART). — Aria della Regina della Notte (*avec flûte*).

4127    **La Sonnambula** (BELLINI). — Rondo allegro.
4129    **I Puritani** (BELLINI). — Rondo.

## Romances

4128    **Fado Portuguez** (J. NEUPARTH) (en Portugais).
4133    **A Granada** (F. M. ALVAREZ) (*chanson espagnole*).

4130    **L'Incantatrice** (ARDITI). — Valzer.
4131    **Biondo !** (MARINO). — Valzer.

**NOTA.** — Les morceaux enregistrés par la célèbre artiste **GALVANY** sont en langue italienne et comprennent des vocalises d'une virtuosité absolument unique.
Nous les recommandons tout spécialement, tous ces disques étant d'une valeur inestimable.

Tous les disques double face figurant dans le présent répertoire peuvent être fournis en disque simple face. Il suffit d'indiquer le numéro choisi.

**Contralto**

# M<sup>me</sup> DELNA

*de l'Opéra*

## Opéras et Opéras-Comiques

| | |
|---|---|
| 3504 | **Vivandière** (la) (B. GODARD). — Viens avec nous, petit. |
| 4879 | **Werther** (MASSENET). — Air des Lettres (avec orchestre). |
| 3513 | **Troyens** (les) (BERLIOZ). — Air de Didon. |
| 3515 | **Jocelyn** (B. GODARD). — Berceuse. |
| 3514 | **Carmen** (BIZET). — Air des Cartes. |
| 3502 | **Carmen** (BIZET). — Amour est enfant de Bohême (l'). |
| 3515 | **Jocelyn** (B. GODARD). — Berceuse. |
| 3500 | **Prophète** (le) (MEYERBEER). — Ah ! mon fils. |
| 4875 | **Favorite** (la) (DONIZETTI). — O ! mon Fernand (avec orchestre). |
| 4878 | **Orphée** (GLÜCK). — J'ai perdu mon Eurydice (avec orchestre). |
| 4876 | **Samson et Dalila** (SAINT-SAËNS). — Mon cœur s'ouvre à ta voix (avec orchestre). |
| 4877 | **Samson et Dalila** (SAINT-SAËNS). — Printemps qui commence (avec orchestre). |

## Mélodies

| | | |
|---|---|---|
| 3503 | **Enfants** (les). | MASSENET. |
| 3516 | **Vierge à la crèche** (la) (accompagné par l'auteur). | J. CLÉRICE. |

## DUOS

| | |
|---|---|
| 0236 | **Favorite** (la) (DONIZETTI). — Duo du 4<sup>e</sup> Acte. |
| 0235 | **Prophète** (le) (MEYERBEER). — Duo du 5<sup>e</sup> Acte. |

par **M<sup>me</sup> Delna** et **M. Alvarez**

Les Disques double face portent un numéro sur chaque face
il est indispensable d'indiquer ces deux numéros dans chaque commande

## Soprani

# M<sup>me</sup> MARIE LAFARGUE
### de l'Opéra

## Opéras et Mélodie

4613   **Aïda** (VERDI). — Grand Air (avec orchestre).
0051   **Chanson de Marinette** (la) (TAGLIAFICO) (mélodie).

4613   **Aïda** (VERDI). — Grand Air (avec orchestre).
4614   **Faust** (GOUNOD). — Ballade du Roi de Thulé (avec orchestre).

4615   **Trouvère** (le) (VERDI). — Brise d'amour (avec orchestre).
4616   **Damnation de Faust** (la) (BERLIOZ). — D'amour, l'ardente flamme (avec orchestre).

# M<sup>me</sup> TANÉSY
### de l'Opéra

## DUOS

0730   **Faust** (GOUNOD). — Laisse-moi contempler ton visage.
0731   **Sigurd** (REYER). — Duo de la fontaine.
     par **M<sup>me</sup> Tanésy** et **M. Affre**

0692   **Fauvette du Temple** (la) (MESSAGER). — Duo des Chameliers,
     par **M<sup>me</sup> Tanésy** et **M. Chambon**
0731   **Sigurd** (REYER). — Duo de la fontaine,
     par **M<sup>me</sup> Tanésy** et **M. Affre**

Tous les disques double face figurant dans le présent répertoire peuvent être fournis en disque simple face. Il suffit d'indiquer le numéro choisi.

## Soprani

# M^me MARGUERITE CARRÉ
*de l'Opéra-Comique*

## DUOS

0672    **Roi d'Ys** (le) (E. LALO). — A l'autel, j'allais rayonnant.
0673    **Manon** (MASSENET). — La Rencontre.

0673    **Manon** (MASSENET). — La Rencontre.
0674    **Manon** (MASSENET). — La Lettre.
       par M^me **Marguerite Carré** et M. Beyle

# M^me MARIE THIÉRY
*de l'Opéra-Comique*

## Opéras-Comiques et Mélodie

0001    **Xavière** (Th. DUBOIS). — Air du 2e Acte.
0011    **Lakmé** (Léo DELIBES). — Pourquoi dans les grands bois ?

0026    **Mireille** (GOUNOD). — Heureux petit berger (avec orchestre).
0022    **Mireille** (GOUNOD). — Trahir Vincent.

0027    **Credo d'amour** (le) (A. LUIGINI), (avec orchestre) (mélodie).
0039    **Fille du Régiment** (la) (DONIZETTI). — Il faut partir (avec orchestre).

0035    **Manon** (MASSENET). — Adieu notre petite table (avec orchestre).
0019    **Mignon** (A. THOMAS). — Connais-tu le pays ?

0039    **Fille du Régiment** (la) (DONIZETTI). — Il faut partir (av. orchestre).
0010    **Muguette** (E. MISSA). — Air de Muguette.

Les Disques double face portent un numéro sur chaque face
il est indispensable d'indiquer ces deux numéros dans chaque command

**Soprani**

# M<sup>lle</sup> MERGUILLER

*de l'Opéra-Comique*

## Opéras-Comiques

3640  **Pardon de Ploërmel** (le) (MEYERBEER). — Valse de l'Ombre.
3636  **Sapho** (MASSENET). — Pendant un an, je fus ta femme.

3642  **Domino Noir** (le) (AUBER). — Qui je suis ?
3638  **Galathée** (V. MASSÉ). — Air de la Coupe.

3643  **Manon** (MASSENET). — Adieu notre petite table.
3642  **Domino Noir** (le) (AUBER). — Qui je suis ?

❀ ❀ ❀

# M<sup>me</sup> JANE MÉREY

*de l'Opéra-Comique*

## Opéras et Opéras-Comiques

1828  **Faust** (GOUNOD). — Ballade du roi de Thulé.
1839  **Faust** (GOUNOD). — Air des Bijoux.

1830  **Chérubin** (MASSENET). — Testament de Chérubin (le).
1845  **Chérubin** (MASSENET). — Une femme !

1836  **Manon** (MASSENET). — Fabliau.
1837  **Manon** (MASSENET). — Gavotte.

Tous les disques double face figurant dans le présent répertoire peuvent être fournis en disque simple face. Il suffit d'indiquer le numéro choisi.

## Soprani

**Mme JANE MÉREY, de l'Opéra-Comique** *(Suite)*

| | | |
|---|---|---|
| 1840 | **Manon** (MASSENET). — Scène de Séduction. | |
| 1844 | **Roi d'Ys** (le) (E. LALO). — Air de Rozenne. | |
| 1841 | **Chérubin** (MASSENET). — Je suis gris. | |
| 1834 | **Chérubin** (MASSENET). — Ne mettez pas flamberge au vent. | |
| 1842 | **Chérubin** (MASSENET). — Nous n'aurons pas d'apothéose. | |
| 1831 | **Chérubin** (MASSENET). — Philosophe, dis-moi pourquoi ? | |
| 1960 | **Fille du Régiment** (la) (DONIZETTI). — Salut à la France. | |
| 1962 | **Barbier de Séville** (le) (ROSSINI).— Allegro du Grand Air de Rosine. | |
| 1965 | **Barbier de Séville** (le) (ROSSINI). — Air de Rosine. | |
| 2032 | **Carmen** (BIZET). — Air de Micaëla. | |
| 1968 | **Lakmé** (L. DELIBES). — Dans la forêt. | |
| 1994 | **Lakmé** (L. DELIBES). — Tu m'as donné le plus doux rêve. | |
| 1975 | **Mireille** (GOUNOD). — Ariette (valse). | |
| 2006 | **Mireille** (GOUNOD). — Heureux petit berger. | |
| 1976 | **Mireille** (GOUNOD). — Air du soprano. | |
| 2077 | **Manon** (MASSENET). — A nous les amours et les roses. | |
| 1977 | **Mignon** (A. THOMAS). — Air de Titania. | |
| 1838 | **Mignon** (A. THOMAS). — Connais-tu le pays ? | |
| 1983 | **Flûte Enchantée** (la) (MOZART). — Air de Pamina. | |
| 2047 | **Noces de Figaro** (les) (MOZART). — Mon cœur soupire. | |
| 1985 | **Philémon et Baucis** (GOUNOD). — Ah ! si je redevenais belle. | |
| 2004 | **Philémon et Baucis** (GOUNOD). — O riante Nature. | |
| 1987 | **Thaïs** (MASSENET). — Amour est une vertu rare (l') | |
| 1967 | **Thaïs** (MASSENET). — Dis-moi que je suis belle. | |
| 1989 | **Manon** (MASSENET). — Je marche sur tous les chemins. | |
| 2074 | **Manon** (MASSENET). — Adieu notre petite table. | |

Les Disques double face portent un numéro sur chaque face il est indispensable d'indiquer ces deux numéros dans chaque commande

**Mme JANE MÉREY, de l'Opéra-Comique** *(Suite)*     Soprani

| | |
|---|---|
| 1993 | **Pêcheurs de Perles** (les) (BIZET). — Cavatine de Leïla. |
| 1988 | **Roméo et Juliette** (GOUNOD). — Valse. |
| 2002 | **Pardon de Ploërmel** (le) (MEYERBEER). — Valse. |
| 2002 *bis* | **Pardon de Ploërmel** (le) (MEYERBEER). — Valse *(suite)*. |
| 2046 | **Fille du Régiment** (la) (DONIZETTI). — Couplets du 21e. |
| 2039 | **Fille du Régiment** (la) (DONIZETTI). — Il faut partir. |
| 2049 | **Nuit Étoilée** (CHAMINADE) (mélodie). |
| 2075 | **Philémon et Baucis** (GOUNOD). — Sous le poids de l'âge. |
| 2068 | **Traviata** (la) (VERDI). — Adieu tout ce que j'aime. |
| 2064 | **Traviata** (la) (VERDI). — Brindisi. |
| 2076 | **Manon** (MASSENET). — Je suis encore tout étourdie. |
| 2005 | **Vie de Bohême** (la) (PUCCINI). — On m'appelle Mimi. |
| 3917 | **Variations de Proch** (PROCH). |
| 3917 *bis* | **Variations de Proch** (PROCH) *(suite)*. |

## Mélodies et Romances

| | | |
|---|---|---|
| 1829 | **Ecrin** (l'). | CHAMINADE. |
| 1833 | **Sur la vague au lent frisson** (barcarolle). | A. HOLMÈS. |
| 1986 | **Valse rose** (accompagné par l'auteur). | MARGIS. |
| 2028 | **Violettes** (les) (accompagné par l'auteur). | MARGIS. |
| 2029 | **Tu me dirais.** | CHAMINADE. |
| 2066 | **Bouquet** (le). | J. CLÉRICE. |
| 2048 | **Saïs** (le) (sérénade-berceuse). | Mme Mte OLAGNIER. |
| 2056 | **Ton sourire.** | A. CATHERINE. |

Tous les disques double face figurant dans le présent répertoire peuvent être fournis en disque simple face. Il suffit d'indiquer le numéro choisi.

## Soprani    Mme **JANE MÉREY**, de l'Opéra-Comique (*Suite*)

| | | |
|---|---|---|
| 2051 | Mon cœur chante. | CHAMINADE. |
| 2052 | Perles d'or (les). | F. THOMÉ. |
| 2066 | Bouquet (le). | J. CLÉRICE. |
| 2053 | Fleurs fanées. | A. CATHERINE. |

## DUOS

3762 Roméo et Juliette (GOUNOD). — Fragment du 3e acte.
3761 Roméo et Juliette (GOUNOD). — Madrigal.

3762 Roméo et Juliette (GOUNOD). — Fragment du 3e acte.
3763 Faust (GOUNOD). — Fragment du 2e acte.
par Mme **Jane Mérey** et **M. Vaguet.**

---

2030 Flûte Enchantée (la) (MOZART). — Ton cœur m'attend.
par Mme **Jane Mérey** et **M. Piccaluga**
3763 Faust (GOUNOD). — Fragment du 2e acte.
par Mme **Jane Mérey** et **M. Vaguet**

---

3761 Roméo et Juliette (GOUNOD). — Madrigal.
par Mme **Jane Mérey** et **M. Vaguet**
3852 Robert le Diable (MEYERBEER). — Ah! l'honnête homme (fragment).
par MM. **Vaguet** et **Aumonier**

Les Disques double face portent un numéro sur chaque face
il est indispensable d'indiquer ces deux numéros dans chaque commande

Soprani

# M<sup>lle</sup> JANE MARIGNAN

*de l'Opéra-Comique*

## Opéra, Opéras-Comiques et Opérettes

| | |
|---|---|
| 1004 | **Manon** (MASSENET). — Adieu notre petite table. |
| 1009 | **Manon** (MASSENET). — N'est-ce plus ma main ? |
| 1007 | **Galathée** (V. MASSÉ). — Air de la Coupe (1er couplet). |
| 1007 bis | **Galathée** (V. MASSÉ). — Air de la Coupe (2e couplet). |
| 1014 | **Faust** (GOUNOD). — Ah ! je ris de me voir si belle. |
| 1005 | **Faust** (GOUNOD). — Ballade du roi de Thulé. |
| 1019 | **Sapho** (MASSENET). — Demain je partirai. |
| 1015 | **Sapho** (MASSENET). — Pendant que tu travaillerais. |
| 1021 | **Cavalleria Rusticana** (MASCAGNI). — Vous le savez, ma mère. |
| 1007 | **Galathée** (V. MASSÉ). — Air de la Coupe. |
| 1021 | **Cavalleria Rusticana** (MASCAGNI). — Vous le savez, ma mère. |
| 1152 | **Thaïs** (MASSENET). — Air de la Séduction. |
| 1024 | **Navarraise** (la) (MASSENET). — Mariez donc son cœur. |
| 1013 | **Vivandière** (la) (B. GODARD). — Viens avec nous, petit. |
| 4490 | **Caresse Andalouse** (CHARTON) chanson Sevillane (avec orchestre) |
| 4506 | **Périchole** (la) (OFFENBACH). — O mon cher amant je te jure (avec orchestre). |
| 4491 | **Belle Hélène** (la) (OFFENBACH). — Amour divin, ardente flamme (avec orchestre). |
| 4504 | **Belle Hélène** (la) (OFFENBACH). — Dis-moi Vénus (avec orchestre). |

Tous les disques double face figurant dans le présent répertoire peuvent être fournis en disque simple face. Il suffit d'indiquer le numéro choisi.

## Soprani   Mlle JANE MARIGNAN, de l'Opéra-Comique (Suite)

4492   **Petit Duc** (le) (LECOCQ). — Couplets de la Guerre (avec orchestre).

4493   **Mousquetaires au Couvent** (les) (VARNEY). — Mon père je m'accuse (avec orchestre).

4494   **Cigale et la Fourmi** (la) (AUDRAN). — Mon père j'entends le violon (avec orchestre).

4497   **Cigale et la Fourmi** (la) (AUDRAN). — Un jour Margot allant à l'eau (avec orchestre).

4495   **Orphée aux Enfers** (OFFENBACH). — Evohé ! Bacchus est roi (avec orchestre).

4496   **Grande Duchesse de Gérolstein** (la) (OFFENBACH). — Dites-lui (avec orchestre).

4498   **Fille de M^me Angot** (la) (LECOCQ). — Les Soldats d'Augereau (avec orchestre).

4508   **Fille de M^me Angot** (la) (LECOCQ). — Marchande de Marée (avec orchestre).

4499   **Petit Faust** (le) (HERVÉ). — Air des Saisons (avec orchestre).

4509   **Mascotte** (la) (AUDRAN). — Que je regrette mon village (avec orchestre).

4500   **Grand Mogol** (le) (AUDRAN). — Valse du « Kiri-Kiribi » (avec orchestre).

4501   **Mamz'elle Nitouche** (HERVÉ). — Couplets de « Babet et Cadet » (avec orchestre).

4502   **Petit Duc** (le) (LECOCQ). — Hélas elle a raison, ma chère (avec orchestre).

4503   **Petit Duc** (le) (LECOCQ). — « Enfin nous voici ma petite » (avec orchestre).

4505   **Mascotte** (la) (AUDRAN). — Un baiser c'est bien douce chose (avec orchestre).

4507   **Mascotte** (la) (AUDRAN). — N'avancez pas, ou j'tape (avec orchestre).

Les Disques double face portent un numéro sur chaque face, Tous
il est indispensable d'indiquer ces deux numéros dans chaque commande être

Soprani

# M<sup>lle</sup> MARY BOYER

*de l'Opéra-Comique*

## Opéras-Comiques et Opérettes

0419    **Mireille** (GOUNOD). — Le jour se lève (chanson du berger).
0616    **Grand Mogol** (le) (AUDRAN). — Gentils petits serpents.

4511    **Grisélidis** (MASSENET). — Prière (avec orchestre).
4513    **Mignon** (A. THOMAS). — Connais-tu le pays ? (avec orchestre).

4514    **Werther** (MASSENET). — Air des Larmes (avec orchestre).
4512    **Noces de Jeannette** (les) (V. MASSÉ). — Cours, mon aiguille (avec orchestre).

4515    **Amour Mouillé** (l') (VARNEY). — Valse du Colibri (avec orchestre).
0588    **Fille de Madame Angot** (la) (LECOCQ). — Marchande de marée.

## Mélodies et Morceau Religieux

1340    **Nil** (le) (X. LEROUX). — (Avec accompagnement de violon par **M. SOUDAN**, violon-soliste de l'Opéra-Comique).
0813    **Ave Maria** (GOUNOD). — (Avec accompagnement de violon par **M. SOUDAN**, violon-soliste de l'Opéra-Comique).

1350    **Ami que j'aime** (l') (A. PETIT) (avec accompagnement de flûte).
1340    **Nil** (le) (X. LEROUX). — (Avec accompagnement de violon par **M. SOUDAN**, violon-soliste de l'Opéra-Comique).

## DUOS

0681    **Carmen** (BIZET). — Je suis Escamillo,
par **MM. Gautier** et **Weber**
4618    **Dragons de Villars** (les) (MAILLART). — Moi, jolie (avec orchestre),
par **M<sup>lle</sup> Mary Boyer** et **M. Gautier**

Tous les disques double face figurant dans le présent répertoire peuvent être fournis en disque simple face. Il suffit d'indiquer le numéro choisi.

## Soprani      M<sup>lle</sup> MARY BOYER, de l'Opéra-Comique *(Suite)*

4619   Mireille (GOUNOD). — O Magali ! (avec orchestre).
par M<sup>lle</sup> **Mary Boyer** et **M. Gautier**

0702   Hamlet (A. THOMAS). — Doute de la lumière.
par M<sup>lle</sup> **Mary Boyer** et **M. Weber**

0710   Mignon (A. THOMAS). — Duo des hirondelles,
par M<sup>lle</sup> **Mary Boyer** et **M. Aumonier**

3852   Robert le Diable (MEYERBEER). — Ah ! l'honnête homme (fragment)
par **MM. Vaguet** et **Aumonier.**

3941¹   Mireille (GOUNOD). — O Magali !
3941²   Mireille (GOUNOD). — O Magali ! *(suite)*
par M<sup>lle</sup> **Mary Boyer** et **M. Beyle**

4617   Carmen (BIZET). — Ma mère, je la revois (avec orchestre).
4618   Dragons de Villars (les) (MAILLART). — Moi jolie (avec orchestre),
par M<sup>lle</sup> **Mary Boyer** et **M. Gautier**

4619   Mireille (GOUNOD). — O Magali ! (avec orchestre).
4617   Carmen (BIZET). — Ma mère, je la revois (avec orchestre).
par M<sup>lle</sup> **Mary Boyer** et **M. Gautier**

# M<sup>lle</sup> CHAMBELLAN
### de l'Opéra-Comique

## Opéras, Opéras-Comiques et Mélodie

0434   Huguenots (les) (MEYERBEER). — O beau pays de la Touraine.
0432   Lucie de Lammermoor (DONIZETTI). — Air de la Folie (avec flûte).

Les Disques double face portent un numéro sur chaque face,
il est indispensable d'indiquer ces deux numéros dans chaque commande

— 50 —

**M^lle CHAMBELLAN, de l'Opéra-Comique** *(Suite)*  **Soprani**

0441    **Lakmé** (Léo Delibes). — Air des Clochettes.
0437    **Louise** (G. Charpentier). — Depuis le jour où je me suis donnée.

0441    **Lakmé** (Léo Delibes). — Air des clochettes.
0445    **Echos** (les) (Carl Eckert). — Air suisse (mélodie).

0447    **Manon Lescaut** (Auber). — L'Eclat de rire.
0449    **Mireille** (Gounod). — O légère hirondelle.

0448    **Barbier de Séville** (le) (Rossini). — Air de Rosine.
0446    **Variations de Proch** (les) (variations introduites dans la leçon de chant du Barbier de Séville).

0460    **Roméo et Juliette** (Gounod). — Valse chantée.
0438    **Traviata** (la) (Verdi). — Grand Air du 1er acte.

# CHŒURS

### chantés par les Chœurs de l'Opéra, avec orchestre

4600    **Huguenots** (les) (Meyerbeer). — Bénédiction des poignards.
4602    **Marseillaise** (la) (Rouget de l'Isle), (orchestration officielle de Berlioz).

4603    **Faust** (Gounod). — Chœur des soldats.
4601    **Guillaume Tell** (Rossini). — Chœur des pâtres.

Tous les disques double face figurant dans le présent répertoire peuvent être fournis en disque simple face. Il suffit d'indiquer le numéro choisi.

# CONCERT

## MAGNENAT

### Romances et Chansonnettes

| | | |
|---|---|---|
| 0100 | **Bon Guide** (le). | A. Wolff. |
| 0102 | **Inquiétude.** | E. Pessard. |
| 0104 | **Bouquet** (le). | J. Clérice. |
| 0115 | **Je ne sais plus.** | L. Farjall. |
| 0105 | **Pensez à moi !** (mélodie). | L. Farjall. |
| 0112 | **Rêve d'enfant** (mélodie). | L. Billaut. |
| 0107 | **J'aime à rêver le soir.** | Guttinguer. |
| 0113 | **Fortunio** (Romance du chandelier). | Messager. |
| 0110 | **Rosier** (le). | Danty. |
| 0111 | **Quand je te vois.** | L. Farjall. |
| 0124 | **J'ignore votre nom** (mélodie). | Delabre. |
| 0125 | **Noël d'Amour** (mélodie). | A. Luigini. |
| 0126 | **J'ai tant pleuré** (valse chantée). | Rico. |
| 0127 | **La Vie** (mélodie). | J. Clérice. |

Les Disques double face portent un numéro sur chaque face
il est indispensable d'indiquer ces deux numéros dans chaque commande

# MERCADIER

*de l'Eldorado*

## Romances et Chansonnettes

| | | |
|---|---|---|
| 4400 | Amour vainqueur (l'). | EDOUARD MATHÉ. |
| 4449 | Après la rupture. | EUG. LEMERCIER. |
| | | |
| 4401 | Larmes de la Vie (les). | LÉON DEQUIN. |
| 4406 | Lettre à la première. | MAQUIS. |
| | | |
| 4403 | Cœur de la femme (le). | MAQUIS. |
| 4410 | Comme à vingt ans. | E. DURAND. |
| | | |
| 4407 | Ce soir-là. | MAQUIS. |
| 1606 | C'était un rêve. | MAQUIS. |
| | | |
| 4408 | Petite femme qui passe | G. GOUBLIER. |
| 4411 | Petit ploupiou. | LIONNET. |
| | | |
| 4409 | Dites-moi si vous avez un cœur. | MAQUIS. |
| 4417 | Dors mon gars. | BOTREL. |
| | | |
| 4412 | Aubade à la Lune. | MAQUIS. |
| 1606 | C'était un rêve. | MAQUIS. |
| | | |
| 4413 | Première visite. | G. GOUBLIER. |
| 4436 | Premier froid. | XXX. |

Tous les disques double face figurant dans le présent répertoire peuvent être fournis en disque simple face. Il suffit d'indiquer le numéro choisi.

**MERCADIER, de l'Eldorado** *(Suite)*

| 4414 | Plaisir d'amour. | MARTINI. |
| 4424 | Pour cueillir la fraise. | MAQUIS. |
| | | |
| 4418 | Enfants et les mères (les). | CHATAU. |
| 4448 | Femme est un jouet (la). | A. FATTORINI. |
| | | |
| 4421 | Madeleine, t'en souviens-tu ? | CHAUTAGNE. |
| 4423 | Nouveaux plaisirs. | B. HOLZER. |
| | | |
| 4422 | De profundis d'amour. | J. VARNEY. |
| 4415 | Dernier baiser (le). | COUPLET. |
| | | |
| 4427 | Refrain à Madelon. | MAQUIS. |
| 4419 | Représailles d'amour | MAQUIS. |
| | | |
| 4428 | Ressemblances. | G. GOUBLIER. |
| 4442 | Retour au Nid. | MAQUIS. |
| | | |
| 4429 | Terre (la). | J. JOUY. |
| 4430 | Tout comme les autres. | MAQUIS. |
| | | |
| 4431 | Pour t'avoir encore. | MAQUIS. |
| 4440 | Première fleur (la). | J. DARCIER. |
| | | |
| 4432 | Pour plaire à Colombine. | A. FATTORINI. |
| 4426 | Pour plaire aux femmes. | MAQUIS. |
| | | |
| 4434 | Objets d'Art (les). | EUG. LEMERCIER. |
| 4405 | Oh! la Méchante. | G. GOUBLIER. |
| | | |
| 4435 | Quand les lilas refleuriront. | DIHAU. |
| 4402 | Quitte ta chemisette. | LUCIEN COLLIN. |

Les Disques double face portent un numéro sur chaque face
il est indispensable d'indiquer ces deux numéros dans chaque commande

**MERCADIER, de l'Eldorado.** *(Suite)*

| | | |
|---|---|---|
| 4437 | Près des cieux. | MAQUIS. |
| 4851 | Quand je ne t'aimerai plus (avec orchestre). | MILLANDY. |
| | | |
| 4445 | A Bagnolet. | ROSÈS. |
| 4444 | Amant philosophe (l'). | B. HOLZER. |
| | | |
| 4446 | Il faut voir la Lune. | L. GANGLOFF. |
| 4420 | J'ai placé mon cœur. | MAQUIS. |
| | | |
| 4448 | La Femme est un jouet. | XXX. |
| 4454 | Avec ton souvenir. | GUTTINGUER. |
| | | |
| 4452 | Silhouettes d'amants. | A. FATTORINI. |
| 4447 | Si vous le vouliez, ô Mademoiselle. | MAQUIS. |
| | | |
| 4455 | Garde ton cœur, Madeleine. | R. GEORGES. |
| 4456 | Prenez mon cœur. | DARIEN. |
| | | |
| 4456 | Prenez mon cœur. | DARIEN. |
| 4858 | Souffrance d'amour (avec orchestre). | A. FATTORINI. |
| | | |
| 4849 | Sonnez clochetons (avec orchestre). | G. GOUBLIER. |
| 4433 | Ultime raison | A. FATTORINI. |
| | | |
| 4850 | Chanson d'oubli (avec orchestre). | KLOTZ. |
| 4439 | Closerie aux genêts (la). | LÉONVIC. |
| | | |
| 4853 | Adieux de Suzon (les) (avec orchestre). | G. GOUBLIER. |
| 4852 | Après la rupture (avec orchestre). | LEMERCIER. |
| | | |
| 4856 | Larmes de la Vie (les) (avec orchestre). | DEQUIN. |
| 4855 | Selon la saison (avec orchestre). | A. FATTORINI. |

Tous les disques double face figurant dans le présent répertoire peuvent être fournis en disque simple face. Il suffit d'indiquer le numéro choisi.

**MERCADIER, de l'Eldorado** *(Suite)*

| | | |
|---|---|---|
| 4857 | Il faut pour aimer (avec orchestre). | DOLOIRE. |
| 4854 | Je vous ai tant aimée (avec orchestre). | TAILLEFER. |
| 4859 | Yeux de l'Aimée (les) (avec orchestre). | G. GOUBLIER. |
| 4457 | J'ai faim d'amour. | DARIEN. |
| 4860 | Si tu ne m'aimais pas (avec orchestre). | A. FATTORINI. |
| 4848 | Si vous m'aimez encore (avec orchestre). | GARNIER. |

# POLIN
*Comique militaire*

| | | |
|---|---|---|
| 3774 | Petit marmot (le). | E. RIMBAULT. |
| 3822 | Quand j'suis d'sortie. | E. SPENCER. |
| 3798 | Tu t'serais roulé. | G. MAQUIS. |
| 3811 | Elle m'a eu. | E. SPENCER. |
| 3804 | Balance automatique (la). | DELORMEL. |
| 3810 | Dernière Carotte (la). | GRAMET. |
| 3805 | Boiteuse du Régiment (la). | DELORMEL. |
| 3810 | Dernière Carotte (la). | GRAMET. |
| 3811 | Elle m'a eu. | E. SPENCER. |
| 3768 | Mes petites compensations. | E. SPENCER. |
| 3822 | Quand j'suis d'sortie. | E. SPENCER. |
| 3831 | Un drame dans la colonne. | RIMBAULT. |

Les Disques double face portent un numéro sur chaque face il est indispensable d'indiquer ces deux numéros dans chaque commande.

# MAYOL
*de la Scala*

| | | |
|---|---|---|
| 2366 | Allons Mademoiselle. | FECHNER. |
| 2367 | Family house. | CHRISTINÉ. |
| 3927[1] | Amour de Trottin. | BOREL-CLERC. |
| 3927[2] | Amour de Trottin *(suite)*. | BOREL-CLERC. |
| 3928[1] | Printemps chante (le). | PONCIN-MARINIER. |
| 3928[2] | Printemps chante (le) *(suite)*. | PONCIN-MARINIER. |
| 3929[1] | Viens Poupoule. | SPALIN. |
| 3929[2] | Viens Poupoule *(suite)*. | SPALIN. |

# FRAGSON
*de la Scala*

## Mélodies et Romances

| | | | | |
|---|---|---|---|---|
| 3190 | Pour elle. | | 3202 | Assuré (l'). |
| 3191 | Brin de Vie. | | 3209 | Sérénade au Pharmacien. |
| 3193 | Blondes (les). | | 3211 | Une Pointe de Champagne. |
| 3194 | Flegme (le). | | 3221 | Jolie Comédie (la). |
| 3195 | Amour Boiteux (l'). | | 3225 | Bosse (la). |
| 3196 | Souliers de ma Voisine (les). | | 3228 | Aveux discrets. |
| 3195 | Amour Boiteux (l'). | | 3229 | Comme aux premiers Jours. |
| 3206 | Amis de Monsieur (les). | | 3231 | Souvenirs de Collage. |
| 3197 | Qu'est-ce qu'y a ? | | 3232 | Mauvais Amant (le). |
| 3198 | Chez un Républicain. | | 3233 | Gentil Commerce (le). |
| 3199 | Anglais Parisien (l'). | | | |
| 3200 | Soucoupes (les). | | | |

Tous les disques double face figurant dans le présent répertoire peuvent être fournis en disque simple face. Il suffit d'indiquer le numero choisi.

# DRANEM

*de l'Eldorado*

---

**2897** Guide du Jardin des plantes (le).
**2981** Trucs de Boitaclou (les).

**2914** Nous nous plûmes.
**2917** J'ai un Rosier.

**2924** L'Enfant du Cordonnier.
**2977** Bonsoir M'ssieurs Dames.

---

# FERNAND FREY

*de la Cigale*

---

## Monologues et Chansonnettes

| | | |
|---|---|---|
| **3113** | Fauteuil 52 (le) (Monologue) | F. FREY. |
| **3169** | De l'influence des Poissons sur les ondula-tions de la mer (Monologue-Conférence). | F. FREY. |
| **3117** | Gaîtés du téléphone (les). | F. FREY. |
| **3123** | Histoire de baleine. — Poulet du roi (le). | MICHAUD. |
| **3120** | Métro-ballade. | F. FREY. |
| **3125** | Tour de la cuillère (le) (conte drôlatique). | BLOCH. |

Les Disques double face portent un numéro sur chaque face il est indispensable d'indiquer ces deux numéros dans chaque commande.

**F. FREY**, de la Cigale *(suite)*

| | | |
|---|---|---|
| 3121 | Cinq minutes à l'Armée du Salut — (Discours du capitaine O'Kellkuitt.), | J. MOY. |
| 3122 | Cinq minutes à l'Armée du Salut — (Discours de la Maréchale Bouze.) | J. MOY. |
| 3124 | Train de plaisir (le). | F. FREY. |
| 3117 | Gaîtés du Téléphone (les). | F. FREY. |
| 3126 | Conférence de M. Esselskopf. | BLOCH. |
| 3118 | Five O'clock. | DANIDOFF. |
| 3127 | Cidre (le). — (Opéra fantaisiste interprété par Frey tout seul.) | F. FREY. |
| 3119 | Cigale et la Fourmi (la). — (Fable qui n'est pas de LA FONTAINE.) | F. FREY |
| 3128 | Un Monsieur qui bégaye (monologue comique). | F. FREY. |
| 3129 | Martyr de la rue Popincourt (le) (monologue comique). | F. FREY. |
| 3130 | Source (la) (monologue comique). | L. DELIBES. |
| 3131 | Soupière (la) (conte gai). | MOREAU. |
| 3132 | Dans la Rue (cris parisiens). | F. FREY. |
| 3165 | Irrésolu (l') (chansonnette). | MORTREUIL. |
| 3139 | Ne mange pas tout (chansonnette comique). | CHRISTINÉ. |
| 3144 | La Feuille poussé (chansonnette comique). | CHRISTINÉ. |
| 3159 | N'en dégoûtez pas les autres (chansonnette comique). | CHRISTINÉ. |
| 3167 | Beau Bébé (chansonnette comique). | J. DARIEN. |
| 3166 | Blagues de l'Amour (les) (chansonnette). | CHRISTINÉ. |
| 3168 | Permis de Pêche (le) (chansonnette). | LÉO TYDAN |

Tous les disques double face figurant dans le présent répertoire peuvent être fournis en disque simple face. Il suffit d'indiquer le numéro choisi.

# MARÉCHAL

*de l'Eldorado*

## Romances et Chansonnettes

| | | |
|---|---|---|
| 0873 | **Biniou** (le). | E. Durand. |
| 0884 | **Chanson du Semeur.** | M. Legay. |
| | | |
| 0887 | **Promenade du Paysan** (la). | P. Dupont. |
| 0994 | **Jacques Bonhomme.** | Byrec. |
| | | |
| 0937 | **De sa Mère on se souvient toujours.** | Goublier. |
| 1051 | **Paimpolaise** (la) (avec orchestre). | Th. Botrel. |
| | | |
| 1261 | **Adieu mon vieux Paris.** | XXX. |
| 2670 | **Chanteur des cours** | XXX. |
| | | |
| 1679 | **Vacances du Parisien** (les) (chanson-marche). | Ch. Thuillier fils. |
| 2595 | **Une petite femme pas cher.** | XXX. |
| | | |
| 1700 | **Petit Portrait** (le) (Chanson avec orchestre) | Picquet. |
| 4643 | **J'ai tant pleuré** (Valse chantée, avec orch.). | Rico. |
| | | |
| 1713 | **Poste restante** (avec orchestre). | E. Spencer. |
| 4627 | **Poule chanteuse** (la) (avec orchestre). | Pétrus Martin. |
| | | |
| 1810 | **Ruban Violet** (chansonnette). | Ch. Thuillier fils. |
| 1811 | **Tout passe un jour** (chanson-valse). | Th. Wittmann. |
| | | |
| 1815 | **Ne joue pas avec ça** (chansonnette). | F. Heintz. |
| 1819 | **Robes de Colibri** (les) (chanson-historiette). | Chantrier-Heintz. |

Les Disques double face portent un numéro sur chaque face il est indispensable d'indiquer ces deux numéros dans chaque commande.

## MARÉCHAL, de l'Eldorado (Suite)

| Nº | Titre | Auteur |
|---|---|---|
| 1853 | A ta Porte (lettre d'un amant). | CHRISTINÉ. |
| 1854 | Midinette-Marche (la) (chanson-marche). | TAILLEFER-RAYNAUD. |
| 1855 | O Sole Mio (Mon Soleil) (chanson napolitaine). | DI CAPUA. |
| 1858 | Rois du Pavé (les) (chanson-marche). | CH. THUILLIER fils. |
| 1888 | Rose à Margot (la) | G. CAYE. |
| 1890 | Petit nid de Pierrot (historiette). | CH. THUILLIER fils. |
| 2636 | Amour à Séville (l'). | G. GOUBLIER. |
| 4634 | Avec ton Souvenir (avec orchestre). | GUTTINGUER. |
| 2705 | Dame de pique (la). | F. CHAUDOIR. |
| 4628 | Grand Jeu (le) (avec orchestre). | CHARTON. |
| 4621 | Valsons populo (avec orchestre). | G. CHARTON. |
| 4633 | Une Soirée au Jardin des Plantes (avec orchestre). | CH. THUILLIER fils. |
| 4623 | Méfie-toi Lisette (avec orchestre). | E. SPENCER. |
| 4622 | Mimosa (avec orchestre). | LÉO DANIDERFF. |
| 4629 | Ma Mie Pâquerette (avec orchestre). | GUTTINGUER. |
| 4624 | Marche gracieuse (avec orchestre). | J. DARIEN. |
| 4631 | Pastorale (avec orchestre). | PÉTRUS MARTIN. |
| 4625 | Où est le bonheur ! Mesdames ? (avec orchestre). | LÉO DANIDERFF. |
| 4634 | Avec ton souvenir (avec orchestre). | GUTTINGUER. |
| 4635 | Beau bébé (avec orchestre). | J. DARIEN. |
| 4636 | Ah ! ma p'tite Lili (avec orchestre). | CHRISTINÉ. |
| 4626 | Ange blond (avec orchestre). | L. FARJALL. |

Tous les disques double face figurant dans le présent répertoire peuvent être fournis en disque simple face. Il suffit d'indiquer le numéro choisi.

**MARÉCHAL, de l'Eldorado** (*Suite*)

| | | | |
|---|---|---|---|
| 4638 | Bonjour Toi ! (avec orchestre). | CHRISTINÉ. | 1? |
| 4637 | Chansons d'amour (les) (avec orchestre). | CHRISTINÉ. | 2? |
| 4640 | Quand l'Amour casque (avec orchestre). | HEINTZ. | 1? |
| 4639 | Tango Parisien (le) (avec orchestre). | HEINTZ. | 1? |
| 4641 | Sérénade à Magali (avec orchestre). | TRIM. | 1? |
| 4642 | Mie Jolie ! (Chanson avec orchestre). | G. MAQUIS | 2? |
| 4650 | Kraquette (la) (avec orchestre). | J. CLÉRICE. | 1? |
| 4630 | Leçon d'Histoire Sainte (la) (avec orchestre). | PÉTRUS MARTIN. | 2? |

## DUOS

| | | | |
|---|---|---|---|
| 1865 | Lecture du soir. | R. BERGER. | |
| 1904 | Colinette (duo). | WEKERLIN. | 1? |
| 1901 | C'est une ingénue (duo). | GAMBARDELLA. | 1? |
| 1902 | Curé et sa Servante (le) (vieille chanson) (duo). | XXX. | 1? |

par **M. Maréchal** et **M**<sup>lle</sup> **Anna Thibaud.**

---

# CHARLUS
*de l'Alcazar*

---

## Chansonnettes

| | | | |
|---|---|---|---|
| 1263 | Aventure Espagnole (avec sifflet et orchestre). | GANGLOFF. | 1? |
| 1276 | Si tu savais ma chère. | XXX. | 4? |

Les Disques double face portent un numéro sur chaque face us les
il est indispensable d'indiquer ces deux numéros dans chaque comman re fou

**CHARLUS, de l'Alcazar** (*Suite*)

| | | |
|---|---|---|
| 1274 | Où qu'ça passe ? | CHRISTINÉ. |
| 2360 | Permis de pêche (le). | L. TYDAN. |
| | | |
| 1275 | Y a quéqu'chose. | CHRISTINÉ. |
| 1292 | Vive la Séparation. | GRANET. |
| | | |
| 1281 | Un qui s'en fout. | JOUVE. |
| 2344 | Viens poupoule (avec orchestre). | SPALIN. |
| | | |
| 1284 | Ma mère m'a mariée. | NEUZILLET. |
| 2570 | Médecin rigolo (le). | VARGUES. |
| | | |
| 1290 | Marche des affaires (la). | CAMBON. |
| 1298 | Marche des petits merlans (la). | CH. THUILLIER fils. |
| | | |
| 1297 | A propos de la femme au lézard. | NARDON. |
| 1294 | Cris de Paris (les). | LUST. |
| | | |
| 1300 | Allons Mademoiselle ! | BRIOLLET-FECHNER. |
| 2164 | Amour à la vapeur (l'). | BATAILLE et GARNIER. |
| | | |
| 1310 | Si tu n'as pas le Ziboulard (chansonnette grivoise). | CHRISTINÉ. |
| 1331 | Un Garçon tranquille. | CHRISTINÉ. |
| | | |
| 1323 | Marche des Ombres. | A. PETIT. |
| 1337 | P'tite femme étonnante. | DUCREUX. |
| | | |
| 1341 | Zifaladuplumké (le) (chansonnette grivoise). | DAULNAY. |
| 1351 | Goutte d'Huile (la) (chansonnette grivoise). | DAULNAY. |
| | | |
| 1775 | Toinette et Colin (avec sifflet). | MAADER. |
| 4726 | Tous en chœur (refrain en chœur) (avec orchestre). | TAILLEFER. |

Tous les disques double face figurant dans le présent répertoire peuvent être fournis en disque simple face. Il suffit d'indiquer le numéro choisi.

**CHARLUS**, de l'Alcazar (*suite*)

| 1808 | Irrésolu (l'). | DUCREUX. |
| 2203 | Je vous y prends. | CH. LIÉBEAU. |

| 1812 | Pauvre ouverrerier (le). | MAUREL. |
| 3297 | Petits joyeux (les). | BRUANT. |

| 1814 | Bonne du curé (la). | E. SPENCER. |
| 4727 | Chauffeur amoureux (le) (avec orchestre). | CHRISTINÉ. |

| 1907 | Un Bal à l'Hôtel-de-Ville. | MAC-NAB. |
| 2097 | Un Bal chez le sénateur (avec orchestre). | A. PETIT. |

| 1908 | Ah ! la ! la ! Clara ! (cri populaire). | CH. THUILLIER fils. |
| 1910 | Grain de Beauté (chansonnette). | SCOTTO. |

| 1911 | Et autre chose itou (chansonnette grivoise du XVIII<sup>e</sup> siècle). | LETOREY. |
| 1913 | Pantalons de la femme (les) (chanson grivoise). | TAILLEFER. |

| 2010 | Muet mélomane (le) (avec piston). | GERNY. |
| 2362 | Ne mange pas tout. | CHRISTINÉ. |

| 2020 | V'là les poires ! (chansonnette comique). | BERTHOMIÉ. |
| 2388 | Lézard (monologue réaliste). | BRUANT. |

| 2040 | Dans les sentiers. | PONCIN. |
| 1285 | Feuille pousse (la). | CHRISTINÉ. |

| 2089 | En Sondeur ! (chansonnette comique). | E. DAULNAY. |
| 2608 | Une tournée d'Auvergnats (monol. comique). | JOUY et GORNY. |

| 2105 | Ah ! Petite femme (chansonnette grivoise). | CHRISTINÉ. |
| 2159 | Oh ! Mossieu. | XXX. |

Les Disques double face portent un numéro sur chaque face,
il est indispensable d'indiquer ces deux numéros dans chaque commande

**CHARLUS, de l'Alcazar** (*Suite*)

| | | |
|---|---|---|
| 2116 | Baigneuse de Beaucaire (la). | XXX. |
| 2195 | Bonnes grosses Dames (les). | J. BATAILLE. |
| 2127 | Chef d'orchestre (le) (avec orchestre). | J.-N. KRAL. |
| 2119 | Conversation musicale (av. violon et piston). | DENOLA. |
| 2128 | Baptême en fanfare (le) (avec orchestre). | L. LUST. |
| 2575 | Blagues de l'amour (les). | CHRISTINÉ. |
| 2134 | Que je n'ose pas dire (chansonnette grivoise). | CHRISTINÉ. |
| 2142 | C'que tu m'as fait (chansonnette grivoise). | CHRISTINÉ. |
| 2158 | A tous les coups ' n gagne. | PLÉBINS. |
| 1813 | Ballade des a    s (la). | YONG-LUG. |
| 2172 | Sifflomanie (avec sifflet). | XXX. |
| 2194 | Tribulations d'un pipelet (les). | XXX. |
| 2231 | Mon Pensionnaire. | E. SPENCER. |
| 2343 | Amis de Monsieur (les), | FRAGSON. |
| 2251 | Sonnerie d'Alarme (la). | D'ORVICT. |
| 2252 | Chanson sans titre (chansonnette grivoise). | V. TOURTAL. |
| 2260 | Un Coup de soleil (avec sifflet). | GANGLOFF. |
| 2610 | Sales pipelets (les). | BRIOLLET. |
| 2370 | N'en dégoûtez pas les autres. | CHRISTINÉ. |
| 2102 | Nibé ! nibé ! nib ! (avec orchestre) | E. SPENCER. |
| 2616 | Un Drame sur le P.-L.-M. | GARNIER. |
| 2621 | Y a que les Riches. | XXX. |
| 4720 | Un Coup de soleil (avec sifflet et orchestre). | GANGLOFF. |
| 2138 | Un Quadrille à la Préfecture (avec orchestre). | PIERRET. |

us les disques double face figurant dans le présent répertoire peuvent
face fournis en disque simple face. Il suffit d'indiquer le numéro choisi.

**CHARLUS, de l'Alcazar** *(suite)*

| | | |
|---|---|---|
| 4721 | Petite Tonkinoise (la) (avec orchestre). | SCOTTO. |
| 2100 | Réponses imprévues (les). | E. SPENCER. |
| 4722 | Serrez vos rangs (avec clairon et orchestre). | BRUANT. |
| 1342 | Sifflomane (le) (avec sifflet). | GANGLOFF. |
| 4723 | Amour boiteux (l') (avec orchestre). | FRAGSON. |
| 4725 | Amour noir et blanc (avec orchestre). | CHRISTINÉ. |
| 4724 | Ah! le joli jeu (avec orchestre). | CHRISTINÉ. |
| 2124 | A la future exposition (avec orchestre). | CHARLUS. |
| 4728 | Joséphine Polka (chansonnette comique avec orchestre). | GEORGES. |
| 4729 | Ah! si vous voulez d'l'amour! (chansonnette comique avec orchestre). | SCOTTO. |

# Monologues

| | | |
|---|---|---|
| 1912 | Rigolard et Pleurnichard. | DELORMEL-GARNIER. |
| 2611 | Sabre du Colonel (le). | L. GUÉTEVILLE. |
| 2507 | Ah! les assassins. | MORTREUIL. |
| 2551 | Femme et la pipe (la). | BOURGÈS. |
| 2574 | Oraison funèbre d'un Auvergnat (l'). | DELORMEL-GARNIER. |
| 2588 | Papiers (les). | JOUY ET GERNY. |
| 2611 | Sabre du Colonel (le). | L. GUÉTEVILLE. |
| 2618 | Visite du Major (la) (avec clairon). | CHARLUS. |

Les Disques double face portent un numéro sur chaque face
il est indispensable d'indiquer ces deux numéros dans chaque commande

CHARLUS, de l'Alcazar (*Suite*)

## Chansonnettes, Monologues
## et Morceaux Grivois

| | | |
|---|---|---|
| 1286 | C'que j'pense. | JOUVE. |
| 1288 | Nina. | LUST. |
| 1963 | Leçon de couture (la). | E. SPENCER. |
| 2160 | Nuit d'hôtel (avec clairon). | DUFOR. |
| 2359 | Petit Panier (le) (avec orchestre). | LUST. |
| 2882 | Pilules de Groscollard (les). | CHARLUS. |
| 2523 | Cachette de Rebecca (la). | L. GUÉTEVILLE. |
| 1950 | Clef du Paradis (la). | E. SPENCER. |

# DALBRET

*de l'Alhambra et des Ambassadeurs*

## Chansonnettes

| | | |
|---|---|---|
| 1436 | Pour l'amour (chanson-valse). | MARGIS. |
| 4845 | Marche gracieuse (avec orchestre). | DARIEN. |
| 1437 | Amour malin (l'). | CHRISTINÉ. |
| 2120 | C'était le bon Temps (chansonnette comique). | CHRISTINÉ. |
| 1722 | Lettre tendre (romance). | FRAGSON. |
| 1745 | Robes de Colibri (les) (chansonnette-historiette). | F. HEINTZ. |
| 1747 | Catherine (chanson napolitaine, avec refrain à deux voix). | JOUVE. |
| 1748 | Petite Princesse (chanson-valse). | P. DALBRET. |

Tous les disques double face figurant dans le présent répertoire peuvent être fournis en disque simple face. Il suffit d'indiquer le numéro choisi.

## DALBRET, de l'Alhambra et des Ambassadeurs (suite)

| | | | |
|---|---|---|---|
| 1751 | Lina (chanson napolitaine). | SYMIANE. | 48 |
| 1753 | Trésors de ma Mie (les). | CHRISTINÉ. | 14 |
| 1787 | A ta porte (Lettre d'un amant). | CHRISTINÉ. | 48 |
| 1796 | Bonsoir Mam'zelle (chansonnette). | BERNIAUX. | 48 |
| 1800 | Leur enfant. | BOREL-CLERC. | |
| 1916 | Ballade des Poissons (rondeau comique). | P. DALBRET. | 48 |
| | | | 48 |
| 1801 | Que je n'ose pas dire (chansonnette comique). | L. BOYER et BATAILLE | |
| 1802 | T'as trop tardé (chansonnette-romance). | P. DALBRET. | |
| 1900 | Mais si... mais non ! (chansonnette comique). | MAX LUCYON. | |
| 1946 | Baisers de Femme (chanson). | DALBRET et CHRISTINÉ | |
| 1905 | Ah ! qu'on est bien (chansonnette comique). | V. HOLLAENDER. | |
| 1906 | Ah ! Miquette ! Miquette ! (chans. comique). | BOREL-CLERC. | |
| 1914 | J'te l'ai pris (chansonnette comique). | MARIO et GARCY. | |
| 1915 | Brevet supérieur (le) (chansonnette). | P. DALBRET. | |
| 1952 | Biniou du Fou (le) (chanson-légende). | P. PICKART. | |
| 1953 | Petits Petons (chansonnette gracieuse). | BERNIAUX. | 48 |
| | | | 18 |
| 4815 | Rois du Pavé (les) ou C'est nous les petits apaches (chanson-marche avec orchestre). | THUILLIER fils. | 48 |
| 4834 | Ah ! si vous voulez d'l'amour ! (chansonnette avec orchestre). | SCOTTO. | 48 |
| 4835 | Quand l'amour chante (avec orchestre). | BOREL-CLERC. | 48 |
| 4838 | Y a qu'l'amour (avec orchestre). | L. BILLAUT. | 48 |
| 4837 | Ah ! le joli jeu (avec orchestre). | CHRISTINÉ. | 48 |
| 4836 | Amour noir et blanc (avec orchestre). | CHRISTINÉ. | 48 |
| 4839 | Kraquette (la) (avec orchestre). | J. CLÉRICE. | 48 |
| 4846 | Marche fémina (avec orchestre). | CH. THUILLIER fils. | 48 |
| 4840 | Au r'voir et merci (avec orchestre). | JOUVE. | 48 |
| 4841 | En avant arche ! (avec orchestre). | ROBICHON. | 48 |

Les Disques double face portent un numéro sur chaque fa...s les il est indispensable d'indiquer ces deux numéros dans chaque comma... four

**DALBRET, de l'Alhambra et des Ambassadeurs** *(suite)*

| | | |
|---|---|---|
| 4842 | **Navaho** (avec orchestre). | LEGAY. |
| 1438 | **Parfait bonheur.** | CHARTON |
| | | |
| 4844 | **Feuille pousse** (la) (avec orchestre). | CHRISTINÉ. |
| 4843 | **Enchanté d'faire votr'connaissance** (avec orchestre). | .L. LELIÈVRE. |
| | | |
| 4845 | **Marche gracieuse** (avec orchestre). | DARIEN. |
| 4847 | **Mon Poteau** (avec orchestre). | SABLON. |

---

# VILBERT

*de Parisiana*

## Chansonnettes

| | | |
|---|---|---|
| 4821 | **Voyage aux cieux** (avec orchestre). | JAQUINOT. |
| 1860 | **Dernière circulaire** (la) (scène comique). | MAUPREY. |
| | | |
| 4828 | **Au Métro** (voyage comique) (avec orchestre). | L. HALET. |
| 4825 | **Béguin d'Ernestine** (le) (avec orchestre). | BECUCCI. |
| | | |
| 4829 | **Toujours content** (avec orchestre). | R. GUTTINGUER. |
| 4833 | **Son Boudoir** (avec orchestre). | L. HALET. |
| | | |
| 4830 | **Un Drame dans le tobogan** (avec orchestre). | MAUPREY-CELVAL. |
| 4820 | **Vas-y Laridon** (avec orchestre). | R. FLORIUS. |
| | | |
| 4831 | **Joyeux Tourlourou** (le) (avec orchestre). | MASSOT. |
| 4823 | **Likette** (la) (avec orchestre). | GAUWIN. |
| | | |
| 4831 | **Joyeux Tourlourou** (le) (avec orchestre). | MASSOT. |
| 4826 | **Sans me fatiguer** (avec orchestre). | NICOLAY ET LUD. |

les disques double face figurant dans le présent répertoire peuvent fournis en disque simple face. Il suffit d'indiquer le numéro choisi.

# LEJAL

*de la Scala*

| | | | |
|---|---|---|---|
| 4806 | **Quand on a travaillé** (avec orchestre). | L. Del. | |
| 4805 | **Quand t'en voudras** (avec orchestre). | G. Caye. | |
| | | | 25 |
| 4809 | **Polka des camelots** (la) (avec orchestre). | Christiné. | 25 |
| 4808 | **Ne mange pas tout** (avec orchestre). | Christiné. | |
| | | | 25 |
| 4811 | **J'ai quéqu'chose qui plait** (avec orchestre). | Dérouville. | 26 |
| 4814 | **Likette** (la) (avec orchestre). | Gauwin. | |
| 4812 | **Amour en voiture** (l') (avec orchestre). | A. Serge. | |
| 4807 | **C'est gentil d'être venu** (avec orchestre). | L. Del. | |
| 4813 | **Tous en chœur** (refrain en chœur) (avec orchestre). | Taillefer. | |
| 4810 | **Une Soirée au Jardin des Plantes** (avec orchestre). | Heintz. | 00 |
| | | | 00 |

# NORIAC

*des Concerts·Parisiens*

| | | | |
|---|---|---|---|
| 0818 | **Bonsoir Madame la Lune** (avec orchestre). | Marinier. | |
| 0821 | **Chanson de l'Espérance** (la) (avec orchestre). | Charton. | 22 |
| | | | 22 |
| 0819 | **Rosier** (le). | Danty. | |
| 0822 | **Dites-moi si vous avez un cœur** (avec orch.). | Maquis. | 224 |
| | | | 224 |

Les Disques double face portent un numéro sur chaque fac
il est indispensable d'indiquer ces deux numéros dans chaque comman

# PLÉBINS

*des Concerts Parisiens*

## Monologues

| | | |
|---|---|---|
| 2560 | **Mes deux Gosses** (comique). | GUETEVILLE. |
| 2563 | **Si j'aurais su** (comique). | ALB. PETIT. |
| 2581 | **Poivroskoff** (comique). | COTTENS. |
| 2609 | **Dérangez-vous pas** (comique). | ALB. PETIT. |

# PIERRE ALIN

*Poète-Compositeur du Triboulet*

| | | |
|---|---|---|
| 0085 | **Pluie** (la) (mélodie). | P. ALIN. |
| 0086 | **Petits** (les) (chanson-rondeau). | P. ALIN. |

# CHAVAT & GIRIER

*de la Scala*

| | |
|---|---|
| 2237 | **Un marchand de vin qui n'entend rien.** |
| 2247 | **Lettre anonyme.** |
| 2242 | **Électeur et Candidat.** |
| 2244 | **Réservistes Rigolos** (les). |

Tous les disques double face figurant dans le présent répertoire peuvent être fournis en disque simple face. Il suffit d'indiquer le numéro choisi.

# BERGERET

*du Casino de Paris*

| | | |
|---|---|---|
| 1194 | Ma Bergère (tyrolienne). | NIVELET. |
| 1197 | Pâtre des Montagnes (le) (tyrolienne). | PROVANDIER. |
| 1248 | Marchand d'Ocarinas (avec ocarina). | XXX. |
| 1250 | Siffleur d'oiseaux. | BERNET. |

# CHARLESKY

*Tyroliennomaniste de l'Alhambra*

| | | |
|---|---|---|
| 1215 | Départ du Pâtre (le) (chanson tyrolienne). | PROVANDIER. |
| 4899 | Heure du repos (l') (chanson tyrolienne) (avec orchestre). | LUST. |
| 1222 | Enfant du Tyrol (l') (chanson tyrolienne). | PROVANDIER. |
| 1225 | Ma Bergère (chanson tyrolienne). | NICOLET. |
| 1228 | Tyrolienne à Paris (chanson tyrolienne). | St-SERVAN. |
| 1231 | Tyrolienne printanière (chanson tyrolienne). | St-SERVAN. |
| 4895 | Tyrolienne du Midi (la) (chanson tyrolienne avec orchestre). | PROVANDIER. |
| 4896 | Vieux Chevrier (le) (chanson tyrolienne avec orchestre). | LUST. |
| 4897 | Vieux Tyrolien (le) (tyrolienne pastorale avec orchestre). | St-SERVAN. |
| 4898 | Salut au Tyrol (chanson tyrolienne avec orchestre). | BONVILLE. |

Les Disques double face portent un numéro sur chaque face il est indispensable d'indiquer ces deux numéros dans chaque commande

# BUFFALO

*du Cabaret Bruant*

| 1506 | A Biribi. | BRUANT. |
| 1508 | Au Bois de Boulogne. | BRUANT. |
| 1521 | Côtier. | BRUANT. |
| 1522 | Chat Noir (le). | BRUANT. |
| 1524 | II3e de ligne (le). | BRUANT. |
| 1570 | Plus de Patrons | BRUANT |

# M<sup>me</sup> YVETTE GUILBERT

*Etoile des Concerts Parisiens*

## Chansonnettes

| 1452 | Pocharde (la). | BYREC. |
| 1456 | Quand ça l'prend. | TISKA. |
| 1466 | Soularde (la). | XXX. |
| 1529 | Mollet de Rose (le). | VARGUES. |

Tous les disques double face figurant dans le présent répertoire peuvent être fournis en disque simple face. Il suffit d'indiquer le numéro choisi.

# M<sup>lle</sup> ANNA THIBAUD

*des Concerts Parisiens*

| 1871 | Allons Ninon (sérénade). | DE LEVA. | 0 |
| 1874 | Deux Nichons (les). | BERGER. | 0 |
| 1880 | Quand les lilas refleuriront. | DIHAU. | 0 |
| 1882 | Tout près du Moulin. | GOUBLIER. | 0 |

## DUOS

| | | | 0 |
| 1865 | Lecture du Soir | R. BERGER. | 0 |
| 1904 | Colinette (duo). | WEKERLIN. | 0 |
| 1901 | C'est une ingénue (duo). | GAMBARDELLA. | |
| 1902 | Curé et sa servante (le) (vieille chanson) (duo). XXX. | | |

par M<sup>lle</sup> Anna THIBAUD et M. MARÉCHAL

# M<sup>lle</sup> ESTHER LEKAIN

*de Parisiana*

| 1919 | Lettre au Marquis. | XXX. |
| 1920 | Amour malin (l'). | MORET-GRASSEY. |
| 1924 | Ça ne vaut pas l'Amour. | PERPIGNAN. |
| 1926 | Pavane (la). | VARGUES. |
| 1928 | P'tit cochon d'Amour. | XXX. |
| 1929 | Dernière gavotte (la). | VARGUES. |

Les Disques double face portent un numéro sur chaque face il est indispensable d'indiquer ces deux numéros dans chaque commande

— 74 —

# M<sup>lle</sup> ODETTE DULAC

*de la Boîte à Fursy*

| | | |
|---|---|---|
| 0921 | Vieux farceur (le). | LÉON. |
| 0926 | Jenny l'ouvrière | ARNAUD. |
| | | |
| 0926 | Jenny l'ouvrière. | ARNAUD. |
| 0928 | J'suis bête. | CHARTON. |
| | | |
| 0925 | Ma grand'mère. | BÉRANGER. |
| 0931 | Pandore. | NADAUD. |
| | | |
| 0933 | Petites bonnes d'hôtel (les). | XANROF. |
| 0922 | Temps des cerises (le). | RENARD. |

# M<sup>me</sup> MIETTE

*de la Scala*

| | | |
|---|---|---|
| 1756 | Fagots (les) (chanson provençale). | I. PONTIO. |
| 1757 | Perrette (chansonnette). | I. PONTIO. |
| | | |
| 1758 | Mariage de Gontran (le) (chansonnette). | I. PONTIO. |
| 1759 | Chanson nègre. | I. PONTIO. |
| | | |
| 1760 | Grand Lucas (le) (paysannerie). | I. PONTIO. |
| 1762 | Marie ta fille (chansonnette). | TH. BOTREL. |
| | | |
| 1763 | Biniou (le). | DURAND. |
| 1766 | Benjolette (la) (chansonnette). | I. PONTIO. |
| | | |
| 1778 | Sur la mousse (bluette espagnole). | I. PONTIO. |
| 1781 | Amour et musette (chanson provençale). | I. PONTIO. |

us les disques double face figurant dans le présent répertoire peuvent être fournis en disque simple face. Il suffit d'indiquer le numéro choisi.

# M^me ROLLINI

*des Folies-Bergère*

---

| | | |
|---|---|---|
| 4760 | **L'Enfant de la Forêt Noire** (chansonnette tyrolienne avec orchestre). | ALB. SCHILLI. |
| 4761 | **Deux amis** (les) (chansonnette tyrolienne du Coucou, avec orchestre). | CHALLIER. |
| 4762 | **Morvandiau** (le) (chanson bretonne av. orch.) | PLANQUETTE. |
| 4765 | **Chercheuse de clair de Lune** (la) (chanson tyrolienne avec orchestre). | Th. LISBONNE. |
| 4763 | **A la Plaza** (chansonnette-valse tyrolienne avec orchestre). | VARGUES. |
| 4764 | **Canards Tyroliens** (les) (chanson tyrolienne orchestre). | FOSSEY. |
| 4767 | **Ma Bergère** (chanson tyrolienne avec orchestre). | V. NIVELET. |
| 4768 | **Pâtre des Montagnes** (le) (chanson tyrolienne avec orchestre). | PROVANDIER. |

---

# WILLEKENS & M^me LÉONNE

---

| | | |
|---|---|---|
| 9093 | **Chez le Dentiste** (Scène dialoguée). | WILLEKENS. |
| 9094 | **Tapage nocturne** (Scène dialoguée). | WILLEKENS. |

**Les Disques double face portent un numéro sur chaque face il est indispensable d'indiquer ces deux numéros dans chaque commande**

# DÉCLAMATION

## DE FÉRAUDY

*de la Comédie Française*

| | | |
|---|---|---|
| 2850 | **Fourberies de Scapin** (les) (scène des procès). | MOLIÈRE. |
| 2856 | **Médecin malgré lui** (le). | MOLIÈRE. |

## M<sup>me</sup> SUZANNE DESPRÈS

*dè la Comédie-Française*

| | | |
|---|---|---|
| 3308 | **Il était une fois jadis...** | RICHEPIN. |
| 3310 | **Phèdre** (tirade du quatrième acte). | RACINE. |
| 3315 | **Pour les pauvres petits Pierrots** (ballade). | RICHEPIN. |
| | **Achetez mes belles violettes.** | RICHEPIN. |
| 3318 | **Du Mouron pour les petits Oiseaux.** | RICHEPIN. |

❀ ❀ ❀

Tous les disques double face figurant dans le présent répertoire peuvent être fournis en disque simple face. Il suffit d'indiquer le numéro choisi.

# ORCHESTRE

## Ouvertures

### Opéras, Opéras-Comiques, Opérettes

| | | |
|---|---|---|
| 5001 | Caïd (le). | A. THOMAS. |
| 6308 | Ouverture de Concert. | GIRAUD. |
| 5011 | Italienne à Alger (l'). | ROSSINI. |
| 6300 | Pré aux Clercs (le). | HÉROLD. |
| 5013 | Muette de Portici (la). | AUBER. |
| 6326 | Fée Printemps (la). | ANDRIEU. |
| 5027 | Zampa (1re sélection). | HÉROLD. |
| 5029 | Zampa (2e sélection). | HÉROLD. |
| 5030 | Chasse du Jeune Henri (la). | MÉHUL. |
| 6313 | Dame Blanche (la). | BOIELDIEU. |
| 6301 | Domino Noir (le). | AUBER. |
| 6310 | Sémiramis. | ROSSINI. |
| 6302 | Cavalerie légère | VON SUPPÉ. |
| 6307 | Diamants de la Couronne (les). | AUBER. |
| 6303 | Si j'étais Roi. | ADAM. |
| 6315 | Lac des Fées (le). | AUBER |

Les Disques double face portent un numéro sur chaque face
il est indispensable d'indiquer ces deux numéros dans chaque commande

ORCHESTRE                                    **OUVERTURES** (*Suite*)

| 6304 | **Guillaume Tell** (l'Orage). | ROSSINI. |
| 6305 | **Guillaume Tell** (Ranz des vaches). | ROSSINI. |
| 6305 | **Guillaume Tell** (Ranz des vaches). | ROSSINI. |
| 6306 | **Guillaume Tell** (Fanfare finale). | ROSSINI. |
| 6309 | **Ouverture du Ménétrier de Saint-Wast.** | HERMAN. |
| 6324 | **Lugdunum** (3e sélection). | ALLIER. |
| 6312 | **Poète et Paysan** (1re partie). | VON SUPPÉ. |
| 5012 | **Poète et Paysan** (2e partie). | VON SUPPÉ. |
| 6314 | **Ambassadrice** (l'). | AUBER. |
| 5028 | **Calife de Bagdad** (le). | BOIELDIEU. |
| 6315 | **Lac des Fées** (le). | AUBER. |
| 6311 | **Poupée de Nuremberg** (la). | ADAM. |
| 6316 | **Martha** (1re sélection). | FLOTOW. |
| 6317 | **Martha** (2e sélection). | FLOTOW. |
| 6318 | **Fille de l'Alcade** (la) (no 1). | MEISTER. |
| 6319 | **Fille de l'Alcade** (la) (no 2). | MEISTER. |
| 6320 | **Ouverture Symphonique** (no 1). | SAUTREUIL. |
| 6321 | **Ouverture Symphonique** (no 2). | SAUTREUIL. |
| 6322 | **Lugdunum** (1re sélection). | ALLIER. |
| 6323 | **Lugdunum** (2e sélection). | ALLIER. |
| 6327 | **Ouverture fantastique** (1re Sélection). | GOVAERT. |
| 6328 | **Ouverture fantastique** (2e Sélection). | GOVAERT. |

Tous les disques double face figurant dans le présent répertoire peuvent être fournis en disque simple face. Il suffit d'indiquer le numéro choisi.

# Fantaisies

### Opéras, Opéras-Comiques, Opérettes

| | | |
|---|---|---|
| 5010 | Grande Duchesse de Gérolstein (la). | OFFENBACH. |
| 5084 | Cloches de Corneville (les). | PLANQUETTE. |
| 5014 | Giroflé-Girofla. | LECOCQ. |
| 6365 | Reine de Saba (la). | GOUNOD. |
| 5015 | Robin des Bois. | WÉBER. |
| 5134 | Roméo et Juliette. | GOUNOD. |
| 5018 | Ombre (l'). | FLOTOW. |
| 6391 | Premier jour de bonheur (le). | AUBER. |
| 5084 | Cloches de Corneville (les). | PLANQUETTE. |
| 5086 | Cloches de Corneville (les) (2e fantaisie). | PLANQUETTE. |
| 5095 | Étoile du Nord (l') (1re sélection). | MEYERBEER. |
| 6336 | Étoile du Nord (l') (2e sélection). | MEYERBEER. |
| 5102 | Fille de Madame Angot (la) (1re fantaisie). | LECOCQ. |
| 5105 | Fille de Madame Angot (la) (2e fantaisie). | LECOCQ. |
| 5108 | Jour et la Nuit (le). | LECOCQ. |
| 5122 | Voyage en Chine (le). | BAZIN. |
| 5112 | Gillette de Narbonne. | AUDRAN. |
| 6419 | Chasse en Forêt (la). | KLING. |
| 5126 | Jour et la Nuit (le) (2e fantaisie). | LECOCQ. |
| 5127 | Jour et la Nuit (le) (3e fantaisie). | LECOCQ. |
| 5146 | Timbale d'Argent (la) (1re fantaisie). | VASSEUR. |
| 5154 | Timbale d'Argent (la) (2e fantaisie). | VASSEUR. |

Les Disques double face portent un numéro sur chaque fac[e]
il est indispensable d'indiquer ces deux numéros dans chaque comman[de]

ORCHESTRE　　　　　　　　　　　　　　　　**FANTAISIES** *(Suite)*

| | | |
|---|---|---|
| 5155 | **Vivandière** (la). | B. GODARD. |
| 6356 | **Basoche** (la). | MESSAGER. |
| 5160 | **Panurge** (Introduction et Berceuse. | PLANQUETTE. |
| 6416 | **Somnambule** (la) (2e Sélection). | BELLINI. |
| 5166 | **Faust** (Trio final). | GOUNOD. |
| 6420 | **Bohème** (la). | PUCCINI. |
| 5171 | **Louise.** | CHARPENTIER. |
| 6408 | **Trouvère** (le). — Miserere (1re fantaisie). | VERDI. |
| 5172 | **Galathée** (1re Sélection). | V. MASSÉ. |
| 5173 | **Galathée** (2e Sélection). | V. MASSÉ. |
| 5384 | **Prophète** (le) (1re sélection). | MEYERBEER. |
| 5385 | **Prophète** (le) (2e sélection). | MEYERBEER. |
| 5387 | **Prophète** (le) (3e sélection). | MEYERBEER. |
| 6347 | **Rigoletto** (3e fantaisie). | VERDI. |
| 6337 | **Étoile du Nord** (l') (3e sélection). | MEYERBEER. |
| 6338 | **Étoile du Nord** (l') (4e sélection). | MEYERBEER. |
| 6339 | **Sigurd** (1re sélection). | REYER. |
| 6340 | **Sigurd** (2e sélection). | REYER. |
| 6341 | **Sigurd** (3e sélection). | REYER. |
| 5096 | **Sigurd** (4e sélection). | REYER. |
| 6342 | **Tosca** (la) (1re sélection). | PUCCINI. |
| 6343 | **Tosca** (la) (2e sélection). | PUCCINI. |
| 6345 | **Rigoletto** (1re fantaisie). | VERDI. |
| 6346 | **Rigoletto** (2e fantaisie). | VERDI. |
| 6350 | **Mireille.** | GOUNOD. |
| 6389 | **Muette de Portici** (la). | AUBER. |

Tous les disques double face figurant dans le présent répertoire peuvent être fournis en disque simple face il suffit d'indiquer le numéro choisi.

**FANTAISIES** *(Suite)*                                              ORCHESTRE

| 6351 | Don Pasquale. | DONIZETTI. |
| 6397 | Mousquetaires de la Reine (les). | HALÉVY. |
| | | |
| 6352 | Vingt-huit jours de Clairette (les). | V. ROGER. |
| 6353 | Miss Helyett. | AUDRAN. |
| | | |
| 6353 | Miss Helyett. | AUDRAN. |
| 6363 | Mousquetaires au Couvent (les). | VARNEY. |
| | | |
| 6355 | Noces de Jeannette (les). | V. MASSÉ. |
| 6411 | Si j'étais Roi (1re fantaisie). | ADAM. |
| | | |
| 6357 | Erwin (fantaisie pour clarinettes). | MEISTER. |
| 6358 | Erwin (fantaisie pour clarinettes) (suite). | MEISTER. |
| | | |
| 6359 | Pardon de Ploërmel (le) (1re sélection). | MEYERBEER. |
| 6360 | Pardon de Ploërmel (le) (2e sélection). | MEYERBEER. |
| | | |
| 6361 | Dragons de Villars (les). | MAILLART. |
| 6354 | Huguenots (les) (conjuration des poignards). | MEYERBEER. |
| | | |
| 6361 | Dragons de Villars (les). | MAILLART. |
| 6362 | Dragons de Villars (les) (2e fantaisie). | MAILLART. |
| | | |
| 6364 | Africaine (l') (chœur des évêques). | MEYERBEER. |
| 6370 | Carmen. | BIZET. |
| | | |
| 6367 | Chalet (le) (grand air). | ADAM. |
| 5087 | Cœur et la Main (le). | LECOCQ. |
| | | |
| 6368 | Juive (la) (cavatine). | HALÉVY. |
| 6366 | Lohengrin (marche des fiançailles). | WAGNER. |
| | | |
| 6371¹ | Lakmé (1re fantaisie). | LÉO DELIBES. |
| 6371² | Lakmé (2e fantaisie). | LÉO DELIBES. |
| | | |
| 6371³ | Lakmé (3e fantaisie). | LÉO DELIBES. |
| 6371⁴ | Lakmé (4e fantaisie). | LÉO DELIBES. |

Les Disques double face portent un numéro sur chaque face il est indispensable d'indiquer ces deux numéros dans chaque commande.

ORCHESTRE                                    **FANTAISIES** *(Suite)*

| 6373 | **Faust** (chœur des soldats). | GOUNOD. |
| 6372 | **Grand Mogol** (le). | AUDRAN. |
| 6374 | **Martha** (1re fantaisie). | FLOTOW. |
| 6375 | **Martha** (2e fantaisie). | FLOTOW. |
| 6376 | **Fille du Régiment** (la) (1re fantaisie). | DONIZETTI. |
| 6377 | **Fille du Régiment** (la) (2me fantaisie). | DONIZETTI. |
| 6379 | **Fra Diavolo** (1re fantaisie). | AUBER. |
| 6380 | **Fra Diavolo** (2e fantaisie). | AUBER. |
| 6381 | **Haydée.** | AUBER. |
| 6383 | **Huguenots** (les) (blanche hermine) | MEYERBEER. |
| 6382 | **Charles VI.** | HALÉVY. |
| 6403 | **Erynnies** (les) (1re sélection). | MASSENET. |
| 6384 | **Reine de Chypre** (la). | HALÉVY. |
| 6402 | **Richard Cœur-de-Lion.** | GRÉTRY. |
| 6385 | **Faust** (choral des épées). | GOUNOD. |
| 6388 | **Fille du Tambour-Major** (la). | OFFENBACH. |
| 6386 | **Rip.** | PLANQUETTE. |
| 5135 | **Robert le Diable.** | MEYERBEER. |
| 6387 | **Pardon de Ploërmel** (le) (3e sélection). | MEYERBEER. |
| 6396 | **Philémon et Baucis.** | GOUNOD. |
| 6401 | **Mignon.** — Duo des Hirondelles. | A. THOMAS. |
| 6417 | **Mage** (le). | MASSENET. |
| 6404 | **Erynnies** (les) (2e sélection). | MASSENET. |
| 6405 | **Erynnies** (les) (3e sélection). | MASSENET. |
| 6406 | **Barbe-Bleue.** | OFFENBACH. |
| 5085 | **Cavalleria Rusticana** (sicilienne). | MASCAGNI. |

Tous les disques double face figurant dans le présent répertoire peuvent être fournis en disque simple face. Il suffit d'indiquer le numéro choisi.

**FANTAISIES** *(Suite)*                                    ORCHESTRE

| | | |
|---|---|---|
| 6409 | Trouvère (le) (2e fantaisie). | VERDI. |
| 6410 | Trouvère (le) (3e fantaisie). | VERDI. |
| 6412 | Si j'étais Roi (2e fantaisie). | ADAM. |
| 6413 | Si j'étais Roi (3e fantaisie). | ADAM. |
| 6414 | Somnambule (la). | BELLINI. |
| 6393 | Voyage de Suzette (le). | VASSEUR. |
| 6415 | Mam'zelle Quatr'sous. | PLANQUETTE. |
| 6378 | Mascotte (la). | AUDRAN. |
| 6421 | Giralda (1re partie). | ADAM. |
| 6422 | Giralda (2e partie). | ADAM. |
| 6423 | Brigands (les). | VERDI. |
| 6526 | Chagrin de la Patrie (le) (fantaisie marche). | XXX. |
| 6424 | Cheval de Bronze (le) (1re fantaisie). | AUBER. |
| 6425 | Cheval de Bronze (le) (2e fantaisie). | AUBER. |
| 6491 | Souvenir de Saint-Rome (fantaisie pour cloches). | FARIGOUL. |
| 6490 | Cloches du Soir (les) (pastorale pour cloches). | BELLANGER. |

# Marches de Concert

| | | |
|---|---|---|
| 5177 | Hansel et Gretel. | HUMPERDINCK. |
| 5354 | Rackoczy (Marche Hongroise). | RACKOCZY. |
| 5348 | Schiller Marsch (1re sélection). | MEYERBEER. |
| 5349 | Schiller Marsch (2e sélection). | MEYERBEER. |

Les Disques double face portent un numéro sur chaque face
il est indispensable d'indiquer ces deux numéros dans chaque commande

ORCHESTRE                      **MARCHES DE CONCERT** (*Suite*)

| 5350 | Schiller Marsch (3ᵉ sélection). | MEYERBEER. |
| 5367 | Reine de Saba (la) (marche-cortège). | GOUNOD. |
| 5352 | Marche d'Aïda. | VERDI. |
| 5383 | Marche solennelle. | PARÈS. |
| 5360 | Marche de Fête. | PALADILHE. |
| 5375 | Marche Guerrière d'Athalie. | MENDELSSOHN. |
| 5363 | Troisième marche aux flambeaux. | MEYERBEER. |
| 6079 | Nouvelle marche coloniale. | HALL. |
| 5364 | Marche Persane (avec cloches). | FAHRBACH. |
| 5365 | Marche Persane. | STRAUSS. |
| 5390 | Marche Romaine de Vercingétorix. | CLÉRICE. |
| 5394 | Marche Nuptiale. | MENDELSSOHN. |
| 6081 | Marche Orientale des Croyants. | VIDAL. |
| 6067 | Marche Cosaque. | PARÈS. |
| 6144 | Marche des Chasseurs Autrichiens. | EILENBERG. |
| 6637 | Marche du Tannhäuser. | WAGNER. |
| 6563 | Marche française (1804) (arr. par DUREAU). | BOREL-CLERC. |
| 5373 | Marche grecque. | GANNE. |
| 6575 | Caprice-Marche (arrangé par CHOMEL). | CAIRANNE. |
| 6636 | Entrée des Gladiateurs (l') (marche triomphale). | FUCIK |
| 6621 | Gourko (Marche héroïque des Balkans). | JANIN-JAUBERT. |
| 6475 | Patrouille turque. | MICHAËLIS. |
| 6638 | Marche du Sacre du Prophète. | MEYERBEER. |
| 6082 | Marche Fémina. | CH. THUILLIER fils. |

Tous les disques double face figurant dans le présent répertoire peuvent être fournis en disque simple face. Il suffit d'indiquer le numéro choisi.

# Airs de Ballets et Suites d'Orchestre

| | | |
|---|---|---|
| 5050 | Suite Printanière (aubade). | WESLY. |
| 5051 | Suite Printanière (impromptu). | WESLY. |
| 5052 | Suite Printanière (ronde villageoise). | WESLY. |
| 6446 | Fête Watteau (fantaisie-Ballet). | PESSARD. |
| 6428 | Suite Algérienne (rêverie du soir). | SAINT-SAËNS. |
| 6429 | Suite Algérienne (marche militaire française). | SAINT-SAËNS. |
| 6430 | Ballet d'Hamlet (la fête du printemps). | A. THOMAS. |
| 6431 | Ballet d'Hamlet (pas des chasseurs). | A. THOMAS. |
| 6432 | Ballet d'Hamlet (pantomime). | A. THOMAS. |
| 6433 | Ballet d'Hamlet (valse-mazurka). | A. THOMAS. |
| 6434 | Ballet d'Hamlet (la Freïa). | A. THOMAS. |
| 6435 | Ballet d'Hamlet (strette finale). | A. THOMAS. |
| 6454 | Ballet de Sylvia : Pizzicati. | LÉO DELIBES. |
| 6455 | Ballet de Sylvia : Marche-Cortège de Bacchus. | LÉO DELIBES. |
| 6459 | Pas des Marionnettes (Ballet). | PESSARD. |
| 7125 | Ballet de Faust (n° 7). | GOUNOD. |
| 6460 | Ballet Egyptien (n° 1). | LUIGINI. |
| 6461 | Ballet Egyptien (n° 2). | LUIGINI. |
| 6462 | Ballet Egyptien (n° 3). | LUIGINI. |
| 6463 | Ballet Egyptien (n° 4). | LUIGINI. |
| 6467 | Arlésienne (l') (n° 1, Prélude). | BIZET. |
| 6468 | Arlésienne (l') (n° 2, Menuet). | BIZET. |

Les Disques double face portent un numéro sur chaque face il est indispensable d'indiquer ces deux numéros dans chaque commande.

ORCHESTRE    **AIRS DE BALLETS & SUITES D'ORCHESTRE** *(Suite)*

| | | |
|---|---|---|
| **6469** | **Arlésienne** (l') (n° 3, Adagietto). | BIZET. |
| **6470** | **Arlésienne** (l') (n° 4, Carillon). | BIZET. |
| **6471** | **Arlésienne** (l') (n° 5, Pastorale). | BIZET. |
| **6472** | **Arlésienne** (l') (n° 6, Intermezzo). | BIZET. |
| **6473** | **Arlésienne** (l') (n° 7, Farandole). | BIZET. |
| **6479** | **Feria** (la) n° 1. | LACÔME. |
| **6477** | **Ballet de Coppélia** (n° 1). | LÉO DELIBES. |
| **6478** | **Ballet de Coppélia** (n° 2). | LÉO DELIBES. |
| **6480** | **Feria** (la) n° 2. | LACÔME |
| **6481** | **Feria** (la) n° 3. | LACÔME. |
| **7119** | **Ballet de Faust** (n° 1). | GOUNOD. |
| **7120** | **Ballet de Faust** (n° 2). | GOUNOD. |
| **7121** | **Ballet de Faust** (n° 3). | GOUNOD. |
| **7122** | **Ballet de Faust** (n° 4). | GOUNOD. |
| **7123** | **Ballet de Faust** (n° 5). | GOUNOD. |
| **7124** | **Ballet de Faust** (n° 6). | GOUNOD. |
| **7126** | **Ballet de Guillaume Tell** (1re sélection). | ROSSINI. |
| **7127** | **Ballet de Guillaume Tell** (2e sélection). | ROSSINI. |
| **7128** | **Ballet de Guillaume Tell** (3e sélection). | ROSSINI. |
| **7153** | **Ballet d'Hérodiade** (les Phéniciennes). | MASSENET. |
| **7185** | **Fantaisie-Ballet** (n° 1). | PARÈS. |
| **7187** | **Fantaisie-Ballet** (n° 2). | PARÈS. |
| **7188** | **Terpsichore** (1re sélection) (fantaisie-ballet). | GANNE. |
| **7189** | **Terpsichore** (2e sélection) (fantaisie-ballet). | GANNE. |

Tous les disques double face figurant dans le présent répertoire peuvent être fournis en disque simple face. Il suffit d'indiquer le numéro choisi.

# Morceaux de Genre

---

### Entr'actes, Gavottes, Menuets, etc.

| | | |
|---|---|---|
| 5091 | Danse macabre. | SAINT-SAËNS. |
| 6436 | Tarentelle. | PARÈS. |
| | | |
| 5113 | Invitation à la valse (l') (arr. par Mayeur). | WEBER. |
| 6484 | Simple aveu. | F. THOMÉ. |
| | | |
| 5138 | Sous les Étoiles (sérénade). | PARÈS. |
| 5139 | Sérénade de Schubert. | SCHUBERT. |
| | | |
| 6437 | Sur le Lac (rêverie). | SELLENICK. |
| 8459 | Boléro (pour flûte). | LEBLOND. |
| | | |
| 6438 | Prélude du Déluge. | SAINT-SAËNS. |
| 6849 | Air galant. | ROUX. |
| | | |
| 6440 | Diligence sous bois (1re partie) (scène imitative). | LAIGRE. |
| 6441 | Diligence sous bois (2e partie) (scène imitative). | LAIGRE. |
| | | |
| 6447 | Menuet du Petit Roi. | MOUCHET. |
| 7217 | Gavotte Trianon. | A. VIVIER. |
| | | |
| 6449 | Dors petite Julia (berceuse). | LÉVÊQUE. |
| 7195 | Jocelyn (berceuse). | B. GODARD. |
| | | |
| 6450 | Loin du bal. | E. GILLET. |
| 6456 | Chanson des nids (la) (fantaisie variée pour clarinettes). | V. BUOT. |
| | | |
| 6451 | O sole mio. | E. DI CAPUA. |
| 6865 | Paloma (la) (habanera) (arr. par KOPP). | CORBIN. |

Les Disques double face portent un numéro sur chaque face. Tou
il est indispensable d'indiquer ces deux numéros dans chaque commande être

ORCHESTRE                               **MORCEAUX DE GENRE** (*suite*)

| | | |
|---|---|---|
| 6452 | **Patrie** (pavane). | PALADILHE. |
| 6499 | **Petit-Fils et Grand-Père** (gavotte pour cloches). | VOLK. |
| | | |
| 6452 | **Patrie** (pavane). | PALADILHE. |
| 6857 | **Pavane Louis XIII.** | PARÈS. |
| | | |
| 6464 | **Adagio de la Sonate pathétique.** | BEETHOVEN. |
| 6485 | **Berceuse de Jocelyn** (soli de flûte). | B. GODARD. |
| | | |
| 6465 | **Cavalleria Rusticana** (intermezzo). | MASCAGNI. |
| 6466 | **Cavatine de Joachim.** | RAFF. |
| | | |
| 6482 | **Concerto n° I.** | WETTGE. |
| 6483 | **Concerto n° 2.** | WETTGE. |
| | | |
| 6846 | **Annette et Lubin.** | DURAND. |
| 6847 | **Bengali-Gavotte.** | C. HARING. |
| | | |
| 6850 | **Menuet poudré.** | ANDRIEU. |
| 6453 | **Napoli** (tarentelle). | MEZACAPO. |
| | | |
| 6851 | **Menuet Caprice.** | PARÈS. |
| 6852 | **Menuet de Schubert.** | SCHUBERT. |
| | | |
| 6853 | **Babillage.** | GILLET. |
| 6854 | **Polonaise.** | FOARE. |
| | | |
| 6855 | **Fleur simple** (gavotte). | ROUX. |
| 6856 | **Coquette** (gavotte). | SUDESSI. |
| | | |
| 6858 | **Gavotte Noëlie.** | HARING. |
| 6866 | **Gavotte des Petites Princesses.** | ANDRÉ. |
| | | |
| 6859 | **Confidences** (gavotte). | WESLY. |
| 6869 | **Gavotte Directoire.** | KLING. |

Tous les disques double face figurant dans le présent répertoire peuvent être fournis en disque simple face. Il suffit d'indiquer le numéro choisi.

**MORCEAUX DE GENRE** *(Suite)*                    ORCHESTRE

| | | |
|---|---|---|
| 6862 | Gavotte Stéphanie. | CZIBULKA. |
| 6867 | Gavotte Watteau. | WÉTTGE. |
| 6864 | Amour discret (gavotte). | RESCH. |
| 6863 | Gavotte Isabelle | TURINE. |
| 6869 | Gavotte Directoire. | KLING. |
| 6860 | Gavotte Trianon. | VIVIER. |
| 6882 | In Toy land (Anniversaire de Bébé). | FINCK. |
| 7183 | Chanson de Printemps. | MENDELSSOHN. |
| 7166 | Gentil Page (menuet). | FOURNIER. |
| 7212 | Menuet de Bocchérini. | BOCCHÉRINI. |
| 7204 | Sérénade de Gillotin. | GOUBLIER. |
| 6861 | Si tu voulais (bluette-gavotte). | TURINE. |
| 7213 | Madrigal François Ier. | LAMOTTE. |
| 7221 | Mignon (entr'acte). | A. THOMAS. |
| 7214 | Menuet de Manon. | MASSENET. |
| 6490 | Cloches du Soir (les) (pastorale pour cloches). | BELLANGER. |

# Musique Religieuse

| | | |
|---|---|---|
| 6010 | Prière de Moïse. | ROSSINI. |
| 7142 | Andante religieux (avec cloches). | SENÉE. |
| 6013 | Noël (pour piston). | ADAM. |
| 6014 | Ave Maria. | GOUNOD. |
| 6520 | Adagio. | KLING. |
| 6521 | O Salutaris. | KLING. |

Les Disques double face portent un numéro sur chaque face il est indispensable d'indiquer ces deux numéros dans chaque commande.

Orchestre

# Valses

———

| | | |
|---|---|---|
| 5501 | Quand l'amour meurt. | Crémieux. |
| 6501 | Christmas. | Margis. |
| 6641 | Pâquerettes. | Baudonek. |
| 7266 | Brise du soir. | Kessels. |
| 6642 | Hansel et Gretel. | Humperdink. |
| 6643 | Aurore (l') (valse russe). | XXX. |
| 6644 | Alpes (les). | Schmidt. |
| 6645 | Parfums capiteux. | Klein. |
| 6646 | Fleurs animées. | Janin-Jaubert. |
| 6647 | Parisienne. | Wesly. |
| 6648 | Songes roses. | Wesly. |
| 6649 | Reproche d'amour. | Romsberg. |
| 6650 | Souvenir de Baden-Baden. | Bousquet. |
| 7330 | Merveilleuses (les) (tiré de la Fille de Mme Angot). | Lecocq. |
| 6652 | Valse des cambrioleurs. | E. Vasseur. |
| 6668 | Valse poudrée. | Popy. |
| 6654 | Belle de New-York (la) (arr. par Coote). | Kerker. |
| 6658 | Coquelicots (les). | Vivet. |
| 6655 | T'en souviens-tu ? | V. Turine. |
| 6653 | Tour du Monde (le) (arr. par Ziégler). | O. Métra. |
| 6659 | Sérénade. | Métra. |
| 6672 | Juana. | Mélé. |

Tous les disques double face figurant dans le présent répertoire peuvent être fournis en disque simple face. Il suffit d'indiquer le numéro choisi.

**VALSES** *(Suite)*                                    ORCHESTRE

| | | |
|---|---|---|
| 6660 | Jolie patineuse (la). | BAGARRE. |
| 6666 | Rose-Mousse (valse lente). | A. BOSC. |
| 6661 | Valse bleue. | MARGIS. |
| 6670 | Venezia. | DESORMES. |
| 6662 | España. | CHABRIER. |
| 6656 | Juanita. | CAIRANNE. |
| 6663 | Vague (la). | O. MÉTRA. |
| 6657 | Câline (valse lente). | V. TURINE. |
| 6664 | Flots du Danube (les). | IVANOVICCI. |
| 7318 | Grenade. | E. MULLOT. |
| 6665 | Andalucia. | POPY. |
| 6651 | Santiago. | CORBIN. |
| 6669 | Souvenir de Croisset. | SELLÉNICK. |
| 7352 | Berceuse. | WALDTEUFEL. |
| 6673 | Amoureuse. | ALLIER. |
| 6500 | Cloches du Destin (les) (nocturne-valse). | LACROIX. |
| 6674 | Mon beau ciel de Hongrie. | RODEL. |
| 6676 | Ravissement. | LEDUC. |
| 6675 | Un peu, beaucoup, passionnément. | FAUCHET. |
| 7311 | Gambrinus. | MÉTRA. |
| 6677 | Argentine. | DUPETIT. |
| 6678 | Charme fatal. | DERUYZ. |
| 6679 | Fascination. | MARCHETTI. |
| 6680 | Illusion d'amour. | BOREL-CLERC. |
| 6681 | Belles Parisiennes (les). | FAHRBACH. |
| 6682 | Fita (valse espagnole). | PARÈS. |

Les Disques double face portent un numéro sur chaque face il est indispensable d'indiquer ces deux numéros dans chaque commande.

ORCHESTRE                                        **VALSES** *(Suite)*

| 7251 | Valse de Faust. | GOUNOD. |
| 7339 | Sphinx. | POPY. |
| 7253 | Tesoro Mio. | BECCUCCI. |
| 7254 | Amourettes (les). | GUNG'L. |
| 7258 | Valse des Cloches de Corneville. | PLANQUETTE. |
| 6667 | Valse des bas noirs. | MAQUIS. |
| 7262 | Sirènes (les). | WALDTEUFEL. |
| 7263 | Dans tes Yeux. | WALDTEUFEL. |
| 7264 | Très Jolie. | WALDTEUFEL. |
| 7272 | Estudiantina (l'). | WALDTEUFEL. |
| 7265 | En Buissonnant. | KLING. |
| 7267 | Il Bacio. | ARDITI. |
| 7279 | Nuit (la) | MÉTRA. |
| 7283 | J'ai peur d'aimer. | RICO. |
| 7284 | Cœur de Madeleine (le). | RAOUL GEORGES. |
| 7285 | Féline. | BAUDOT. |
| 7286 | J'ai tant pleuré (Valse lente). | RICO. |
| 7314 | Feuilles du matin (les). | STRAUSS. |
| 7287 | Madame Boniface. | LACÔME. |
| 7293 | Cent Vierges (les). | LECOCQ. |
| 7288 | Cannes la Jolie. | GOUIRAND. |
| 7289 | Folle Extase. | MILOK. |
| 7290 | Dames patriotes (les). | PIVET. |
| 7313 | Abnégation. | MONNIER. |
| 7304 | Violettes. | WALDTEUFEL. |
| 7306 | Pomponette. | LAMBERTY. |

Tous les disques double face figurant dans le présent répertoire peuvent être fournis en disque simple face. Il suffit d'indiquer le numéro choisi.

**VALSES** *(Suite)*                                        ORCHESTRE

| | | |
|---|---|---|
| 7310 | Bettina. | LAUNAY. |
| 7312 | Patineurs (les). | WALDTEUFEL. |
| | | |
| 7319 | Valse des Roses. | MÉTRA. |
| 7324 | Crépuscule (le). | REYNAUD. |
| | | |
| 7321 | Théresen. | CARL FAUST. |
| 6671 | Toast à l'Alsace. | SENÉE. |
| | | |
| 7326 | Veuve joyeuse (la). | FRANZ LEHAR. |
| 7328 | Constellations. | REYNAUD. |
| | | |
| 7327 | Théodora. | DESTRUBÉ. |
| 7343 | Frères joyeux (avec cloches, sifflet et imitation du coq). | VOLLSTAEDT. |
| | | |
| 7329 | Parfum d'Eventail (valse lente). | NICO GHICA. |
| 7348 | Églantine. | ANDRIEU. |
| | | |
| 7331 | Hirondelles de Village (les). | STRAUSS. |
| 7340 | Monte-Cristo. | KOLTAR. |
| | | |
| 7336 | Valse des Blondes | L. GANNE. |
| 7355 | Chèvrefeuille. | PETIT. |
| | | |
| 7350 | Sympathie. | MEZZACAPO. |
| 7353 | Amoureuse. | BERGER. |

---

# Polkas

---

| | | |
|---|---|---|
| 6034 | En Revenant de la Revue (Polka-Marche). | DESORMES. |
| 6090 | Charrette (la) (Polka-Marche). | ANTONIN LOUIS. |

Les Disques double face portent un numéro sur chaque face, il est indispensable d'indiquer ces deux numéros dans chaque commande

ORCHESTRE

**POLKAS** *(Suite)*

| | | |
|---|---|---|
| 6188 | **Voltairienne** (la) (polka-marche). | SALI. |
| 6685 | **Héritage de Pierrot** (l') (polka-marche). | GAUWIN. |
| 6493 | **Poisson d'Avril** (polka-marche avec cloches). | G. ALLIER. |
| 6735 | **Polka de polichinelle.** | CORBIN. |
| 6494 | **Belle Meunière** (la) (avec cloches). | PARÈS. |
| 6721 | **Deux petits Pinsons** (les) (pour xylophone). | XXX. |
| 6573 | **En Goguette.** | WESLY. |
| 6749 | **Petit Panier** (le). | LUST. |
| 6683 | **Aoh ! Yès.** | MAQUET. |
| 6684 | **Tyrolienne.** | LAFITTE. |
| 6686 | **Bicyclettes-Polka.** | WESLY. |
| 6687 | **Polka des Chasseurs.** | WITTMANN. |
| 6688 | **Lozi** (polka originale). | MAGNAN. |
| 6695 | **Auto du Pèr'e Langlois** (l'). | GARNIER. |
| 6689 | **Bengali** (le) (pour flûte). | BOUGNOL. |
| 8450 | **Bruxelles** (pour flûte). | BATIFORT. |
| 6690 | **Gracieux Murmures** (pour piston). | MAQUET. |
| 6694 | **Bruxelles** (pour piston). | BATIFORT. |
| 6691 | **Gracieux Murmures** (pour flûte). | MAQUET. |
| 8454 | **Cécile** (pour flûte). | BILLAUT. |
| 6692 | **Polka des Poulettes.** | AMANT COMES. |
| 6693 | **Polka des Bébés** (polka imitative). | BUOT. |
| 6696 | **Au Moulin** (polka imitative). | PETIT. |
| 6697 | **Chanson des bois** (polka imitative). | SAMPIN. |
| 6698 | **En Tunisie.** | PÉRICAT. |
| 6746 | **A la Fête de Saint-Cloud** (polka burlesque). | ETESSE. |

Tous les disques double face figurant dans le présent répertoire peuvent être fournis en disque simple face. Il suffit d'indiquer le numéro choisi.

**POLKAS** *(Suite)*                                      ORCHESTRE

| | | |
|---|---|---|
| 6699 | P'tite Folle. | ANDRIEU. |
| 6700 | Double-Quatre. | ROUX. |
| 6703 | Deauville (pour clarinette). | CORBIN. |
| 8205 | Deux Bavards (les) (pour 2 pistons). | F. ANDRIEU. |
| 6707 | Madeleine (pour piston). | A. S. PETIT. |
| 6731 | Marche de Nuit (polka-marche). | POPY. |
| 6708 | Tourterelle (la) (pour flûte). | DAMARÉ. |
| 6744 | A deux (pour flûte et piston). | DESORMES. |
| 6709 | Moutons (les) (polka comique). | TOURNEUR. |
| 6710 | Murmures de la forêt (les) (pour flûte) (arr. par CAIRANNE). | SOULAIRE. |
| 6711 | Amour malin (l') (polka-marche). | NEIL-MORET. |
| 6704 | Après la guerre (pour piston). | ROHAULT. |
| 6712 | Cornette (pour 2 pistons). | A. PIQUE. |
| 6730 | Coquerico (pour piston) (arr. par ALLIER). | TURBAIS-BELVAL. |
| 6713 | Capricieuse (pour piston). | VIDAL. |
| 7565 | Plaisance-Fronsac (pour piston) | FARIGOUL. |
| 6715 | Merle-blanc (le) (pour flûte). | DAMARÉ. |
| 6728 | Moustache-polka (arr. par LEROUX). | VARGUES. |
| 6716 | Bella-Bocca. | WALDTEUFEL. |
| 6705 | Colibri (le) (avec solo de flûte). | SELLÉNICK. |
| 6717 | Musotte. | CAIRANNE. |
| 6737 | Paye tes dettes. | PILLEVESTRE. |
| 6718 | Polka des clowns. | G. ALLIER. |
| 6738 | Polka des commères | G. ALLIER. |
| 6723 | Polka des Officiers | FAHRBACH. |
| 6498 | Suévroise (la) (avec cloches). | EUSTACE. |

Les Disques double face portent un numéro sur chaque face
il est indispensable d'indiquer ces deux numéros dans chaque command

ORCHESTRE                                          **POLKAS** *(Suite)*

| | | |
|---|---|---|
| 6724 | Polka Japonaise. | XXX. |
| 6880 | Bamboula (polka des nègres). | GRAND. |
| 6725 | Petites folles (les) (polka-marche). | WRIGHT et BERT. |
| 6733 | Petit lapin. | POPY. |
| 6726 | Pour les bambins. | FAHRBACH. |
| 6734 | Smarteuse. | POPY |
| 6732 | Monôme. | GARCIAU. |
| 6747 | Bagatelle (avec cloches). | FOURNIER. |
| 6736 | Aigrette (pour piston). | F. SALI. |
| 6727 | Amant de la Tour Eiffel (l') (polka-marche) (arr. par LEROUX). | ROSENZWEIG. |
| 6740 | Etoile d'Angleterre (l') (pour piston). | LAMOTTE. |
| 6702 | Etoile du Casino (l') (pour piston). | GUILLE. |
| 6741 | Polka des dindons. | PARÈS. |
| 8173 | Oudin, Mellet, Firmin, Guillier (pour 4 pistons). | MAYEUR. |
| 6742 | Fine lame (pour piston). | SOUSA. |
| 6729 | Max. | SALABERT. |
| 6745 | Caille et Coucou (polka pastorale). | FLÈCHE. |
| 6743 | Sifflez Pierrettes (polka originale). | POPY. |
| 6748 | Ça pousse (polka-marche). | PERPIGNAN. |
| 6487 | Polka originale (avec cloches). | BELLANGER. |
| 7571 | Polka des Clochettes. | BALLERON. |
| 7810 | Elle et Lui. | STROBL. |
| 7801 | Babiole (la). | BELLEVILLE. |
| 7818 | Batteurs d'or (les). | VALTER. |
| 7806 | Emma Livry (pour clarinette). | PIROUELLE. |
| 8216 | Piston et Pistonnette (pour deux pistons). | DUCLUS. |

Tous les disques double face figurant dans le présent répertoire peuvent être fournis en disque simple face. Il suffit d'indiquer le numéro choisi.

**POLKAS** *(Suite)*             ORCHESTRE

| | | |
|---|---|---|
| 7814 | El Coreo. | CORBIN. |
| 7817 | Forgerons (les). | BLÉGER. |
| 7819 | Verre en main (le). | FAHRBACH. |
| 7841 | Little Dick. | BILLAUT. |
| 7821 | Moulinet-Polka. | STRAUSS. |
| 7824 | Promenade-Polka. | MÉTRA. |
| 7822 | Jeanne. | BERTHET. |
| 7848 | Isabella. | ALDEBERT. |
| 7828 | Tout à la joie. | FAHRBACH. |
| 7871 | Doctoresse. | LEVÊQUE. |
| 7832 | Polka des Veinards. | ALLIER. |
| 7844 | Polka des Pipelets. | JOSÉ. |
| 7842 | Cajolerie. | SCHLESINGER. |
| 7850 | English Spoken. | FAHRBACH. |
| 7846 | Courriers (les) (polka imitative, avec fouet et grélots). | LAUNAY. |
| 7869 | Chiens et Chats (polka imitative). | STOUPAN. |
| 7852 | Sans se biloter (polka marche). | CHARTON. |
| 8094 | Diamant (pour piston). | RAYNAUD. |
| 7853 | Polka des Boulevardiers. | BERGET. |
| 7886 | Coucou et Rossignol. | MAILLY. |
| 7855 | Cette petite femme-là. | TURLET. |
| 7856 | Demoiselles de Magasin (les). | MULLOT. |
| 7857 | Poignée de main. | CORBIN. |
| 7862 | Jocrisse et Biribi. | E. CHOQUARD. |
| 7865 | Anona (polka originale). | V. GREY. |
| 7872 | Polka des Perroquets. | DAMARI. |

Les Disques double face portent un numéro sur chaque face. Tous
il est indispensable d'indiquer ces deux numéros dans chaque commande être

| ORCHESTRE | | POLKAS *(Suite)* |
|---|---|---|
| 7870 | Polka des Cri-Cri. | GRAND. |
| 8206 | Simonne Ivonne (pour 2 pistons). | CANIVEZ. |
| 7873 | Nachtigall. — Polka du Rossignol. | MOOS SIEBOLD. |
| 7882 | Aux Tuileries. | ALLIER. |
| 7874 | Midinettes (les). | DAUNOT. |
| 7888 | Bonne fortune (Polka de Concert). | STEENEBRUGER. |
| 7887 | Satanella. | STEENEBRUGER. |
| 7889 | El Kantara. | VILLE D'AVRAY. |
| 7890 | Fugitive (la). | BONNELLE. |
| 8164 | Nouvelle Etoile (pour piston). | ANDRIEU. |
| 8095 | Eva (pour piston). | PETIT. |
| 8160 | Pluie de Perles (pour piston). | GOUEYTES. |
| 8169 | Cécile (pour piston). | BILLAUT. |
| 8217 | Jean qui pleure et Jean qui rit (pour 2 pistons). | LABIT. |
| 8452 | Méli-Mélo (pour flûte). | MÉLÉ. |
| 6722 | Mattchiche (la) (sur des airs espagnols) (arr. par WITTMANN). | BOREL-CLERC. |
| 8466 | Coquerico (pour flûte). | TURLAIS-BELVAL. |
| 8474 | Virtuosité (pour flûte). | LIGNER. |

## Mazurkas

| 6495 | Sentier fleuri (le) (pour cloches). | GOUIRAND. |
|---|---|---|
| 6751 | Brindilles parfumées. | TURINE. |

Tous les disques double face figurant dans le présent répertoire peuvent être fournis en disque simple face. Il suffit d'indiquer le numéro choisi.

---

---

**MAZURKAS** *(Suite)* — ORCHESTRE

| N° | Titre | Auteur |
|----|-------|--------|
| 6496 | Cloches de Mai (avec cloches). | VON DITTRICH. |
| 8093 | Fête militaire (pour piston). | PETIT. |
| 6750 | Petite souris. | A. BOSC. |
| 6492 | Pic-vert (le) (avec cloches). | XXX. |
| 6753 | Gage d'amour (arr. par MULLOT). | E. MARIE. |
| 6759 | Jaloux et Coquette. | CORBIN. |
| 6754 | Enfants terribles (les). | CORBIN. |
| 6763 | Fleurs d'antan. | SIGNARD. |
| 6755 | Valérie. | MEISTER. |
| 6868 | Violettes de Bretagne. | XXX. |
| 6756 | Mignonnette. | CHOMEL. |
| 6760 | Grande-Duchesse Olga. | CHOQUART. |
| 6757 | Sous les tilleuls. | GRIFFON. |
| 7915 | Sur la colline. | E. LAUNAY. |
| 6761 | Premier pas (le). | LABIT. |
| 6764 | Sous les quinconces. | LAUTIER. |
| 6766 | Bergères Watteau (pour saxophone soprano). | CORBIN. |
| 6779 | Mazurka des Galibots. | LACROIX. |
| 6769 | Finlandaise (la). | LÉVÊQUE. |
| 6762 | Gracieux sourire. | FURGEOT. |
| 6771 | Au bord de la Loire. | EUSTACE. |
| 7901 | Cœur des Femmes (le). | STRAUSS. |
| 6772 | Graziella. | DECROUEZ. |
| 7931 | Hongroise (la). | PARÈS. |

Les Disques double face portent un numéro sur chaque face. To[...] il est indispensable d'indiquer ces deux numéros dans chaque command[...] ét[...]

| ORCHESTRE | | MAZURKAS (Suite) |
|---|---|---|
| 6773 | Bergères Watteau (pour hautbois). | CORBIN. |
| 6775 | Bergères Watteau (pour clarinette). | CORBIN. |
| 6776 | Bergères Watteau (pour piston). | CORBIN. |
| 7900 | Carte Postale. | STROBL. |
| 6777 | Message d'amour (pour hautbois). | DREYFUS. |
| 6778 | Douce Missive (pour hautbois). | LENOM. |
| 6780 | Souvenirs de Serquigny. | SELLENICK. |
| 6781 | Panache et Pompon. | ANDRIEU. |
| 6782 | Première-Mazurka de Chopin. | CHOPIN. |
| 6783 | Phrynette. | POPY. |
| 6784 | Gracias. | URIZAR. |
| 6785 | Jolis Yeux noirs (les). | FAHRBACH. |
| 7899 | Violettes de Cannes. | BALLERON. |
| 7939 | Hommage aux Dames. | GOVAERT. |
| 7902 | Czarine (la). | GANNE. |
| 7905 | Emma. | BRU. |
| 7907 | Gloire aux Femmes. | STROBL. |
| 7913 | Enfants Terribles (les). | CORBIN. |
| 7910 | Brise embaumée. | E. LAUNAY. |
| 6752 | Cloches de Mai (pour xylophone). | VON DITTRICH. |
| 7917 | Rêverie. | GAI. |
| 7918 | Belles Pyrénées. | EUSTACE. |
| 7924 | Une Soirée près du lac (introduction pour hautbois). | X. LEROUX. |
| 7924 bis | Une Soirée près du lac (mazurka pour hautbois). | X. LEROUX. |

Tous les disques double face figurant dans le présent répertoire peuvent être fournis en disque simple face. Il suffit d'indiquer le numéro choisi.

**MAZURKAS** *(suite)*        ORCHESTRE

| | | |
|---|---|---|
| 7925 | **Une Soirée près du lac** (introduction pour flûte). | X. LEROUX. |
| 7925 *bis* | **Une Soirée près du lac** (mazurka pour flûte). | X. LEROUX. |
| 7926 | **Une Soirée près du lac** (introduction pour piston). | X. LEROUX. |
| 7926 *bis* | **Une Soirée près du lac** (mazurka pour piston). | X. LEROUX. |
| 7927 | **Scandinave** (la) (Mazurka Norvégienne). | L. GANNE. |
| 7943 | **Floréal.** | CORBIN. |
| 7928 | **Tzigane** (la). | L. GANNE. |
| 7929 | **Fiametta.** | PARÈS. |
| 7934 | **Triolette** (pour piston). | LOGER. |
| 8455 | **Triolette** (pour flûte). | LOGER. |
| 7998 | **Bien faire.** | MAQUET. |
| 6767 | **Câline.** | A. PETIT. |
| 7999 | **Auvergnate** (l') (mazurka bourrée) | GANNE. |
| 6774 | **Bergères Watteau** (pour flûte). | CORBIN. |

# Scottishs

| | | |
|---|---|---|
| 6502 | **Lucette** (avec cloches). | DUCLUS. |
| 6806 | **Scottish des pierrots** | A. LAMOTTE. |
| 6800 | **Royal-Cortège.** | CAIRANNE. |
| 6803 | **Sabrette.** | WITTMANN. |

Les Disques double face portent un numéro sur chaque face. Le
il est indispensable d'indiquer ces deux numéros dans chaque command le:

| ORCHESTRE | | SCOTTISHS *(Suite)* |
|---|---|---|
| 6801 | Carillon printanier (xylophone et cloches). | LACROIX. |
| 7555 | Petite Tonkinoise (la). | SCOTTO. |
| 6802 | Eggitna. | FLORIAN-JULLIAN. |
| 6830 | Pas de quatre (arr. par ROUVEIROLIS). | MEYER-LUTZ. |
| 6805 | Héroïne de Beauvais (l'). | WITTMANN. |
| 6809 | Rosière de Saint-Waast (la). | MULLOT. |
| 6807 | Pas des patineurs (arr. par FARIGOUL). | JOUVE. |
| 6804 | Perruche et perroquet. | CORBIN. |
| 6808 | Christine de Suède. | BLÉGER. |
| 7550 | Amitié. | CHAMBROUX. |
| 6811 | Modern-Style. | BERGER. |
| 7573 | Divette (la) | SALI. |
| 7551 | Blanche de Castille. | BLÉGER. |
| 7560 | Rosalba. | EUSTACE. |
| 7553 | Scottish du Carillon. | CORBIN. |
| 7563 | Scottish des Cloches. | BAGARRE. |

# Galops

| 6890 | Jongleur (pour xylophone). | VON DITTRICH. |
| 6891 | Razzia. | CORBIN. |

Les Disques double face portent un numéro sur chaque face
Il est indispensable d'indiquer ces deux numéros dans chaque commande.

ORCHESTRE

# Pas de Quatre

| | | |
|---|---|---|
| 6810 | Patineuses Norvégiennes (les) (Pas des Patineurs). | GUYARD |
| 8022 | The Popular's. | SOYER. |
| 6848 | Berline Française. | SAMBIN. |
| 7819 | Verre en Main (le) (polka). | FAHRBACH. |

---

# Quadrilles

| | | |
|---|---|---|
| 6870$^1$ | Lanciers (les) (quadrille anglais) (1re figure). | O. MÉTRA. |
| 6870$^2$ | Lanciers (les) (quadrille anglais) (2e figure). | O. MÉTRA. |
| 6870$^3$ | Lanciers (les) (quadrille anglais) (3e figure). | O. MÉTRA. |
| 6870$^4$ | Lanciers (les) (quadrille anglais) (4e figure). | O. MÉTRA. |
| 6870$^5$ | Lanciers (les) (quadrille anglais) (5e figure). | O. MÉTRA. |
| 6891 | Razzia (galop). | CORBIN. |
| 6871$^1$ | Vie parisienne (la) (1re et 2e figures). | OFFENBACH. |
| 6871$^2$ | Vie parisienne (la) (3e et 4e figures). | OFFENBACH. |
| 6871$^3$ | Vie parisienne (la) (5e figure). | OFFENBACH. |
| 6720 | Ma Ninette (polka). | GAUVIN-GUILLE. |
| 6872$^1$ | Orphée aux Enfers (1re et 2e figures). | OFFENBACH. |
| 6872$^2$ | Orphée aux Enfers (3e et 4e figures). | OFFENBACH. |
| 6872$^3$ | Orphée aux Enfers (5e figure). | OFFENBACH. |
| 7866 | Polka des pachas. | G. ALLIER. |

Les Disques double face portent un numéro sur chaque face
il est indispensable d'indiquer ces deux numéros dans chaque command

ORCHESTRE                                    **QUADRILLES** (Suite)

| | | |
|---|---|---|
| 6873[1] | Segas Bourbon (les) (1re et 2e figures) (quadrille créole) | BARRÈS. |
| 6873[2] | Segas Bourbon (les) (3e et 4e figures) (quadrille créole). | BARRÈS. |
| 6873[3] | Segas Bourbon (les) (5e figure) (quadrille créole). | BARRÈS. |
| 7199 | Polka des Oiseaux. | CONOR. |
| 7962[1] | Mascotte (la) (1re, 2e et 3e figures). | AUDRAN. |
| 7962[2] | Mascotte (la) (4e et 5e figures). | AUDRAN. |
| 7977[1] | Cœur et la Main (le) (1re et 2e figures). | LECOCQ. |
| 7977[2] | Cœur et la Main (le) (3e et 4e figures). | LECOCQ. |
| 7977[3] | Cœur et la Main (le) (5e figure). | LECOCQ. |
| 6706 | Polka villageoise. | SELLÉNICK. |
| 7984[1] | Joyeux Postillon (le) (1re et 2e figures). | REYNAUD. |
| 7984[2] | Joyeux Postillon (le) (3e et 4e figures). | REYNAUD. |
| 7984[3] | Joyeux Postillon (le) (5e figure). | REYNAUD. |
| 7829 | Ta ra ra boum (polka) | MICHIELS. |
| 8001[1] | Lanciers Polonais (les) (1re et 2e figures). | NEHR. |
| 8001[2] | Lanciers Polonais (les) (3e et 4e figures). | NEHR. |
| 8001[3] | Lanciers Polonais (les) (5e figure). | NEHR. |
| 8031 | Express-Orient (Galop imitatif). | BOISSON. |
| 8004[1] | Lanciers Blancs (les) (1re et 2e figures). | MARIE. |
| 8004[2] | Lanciers Blancs (les) (3e et 4e figures). | MARIE. |
| 8004[3] | Lanciers Blancs (les) (5e figure). | MARIE. |
| 8217 | Jean qui pleure et Jean qui rit (polka pour 2 pistons). | LABIT. |

Tous les disques double face figurant dans le présent répertoire peuvent être fournis en disque simple face. Il suffit d'indiquer le numéro choisi.

# Marches et Danses Etrangères

| | | |
|---|---|---|
| 6844 | **Gitana** (la) (boléro) (Danse Espagnole). | HEMMERLÉ. |
| 6845 | **Malaga** (boléro) (Danse Espagnole). | ADRIET. |
| 7053 | **The Loyal Légion** (Marche Américaine). | SOUSA. |
| 7054 | **El Capitan** (Marche Américaine). | SOUSA. |
| 7056 | **The Bell of Chicago** (Marche Américaine). | SOUSA. |
| 7057 | **The Thunderer** (Marche Américaine). | SOUSA. |
| 7058 | **The Liberty Bell** (Marche Américaine). | SOUSA. |
| 7096 | **The high school Cadets** (Marche Américaine). | SOUSA. |

# Marches et Danses originales

| | | |
|---|---|---|
| 6443 | **Chanson Arabe.** | LAMOTHE. |
| 7090 | **Danse du Ventre.** | XXX. |
| 6881 | **Pilou-Pilou** (le). | CLÉRICE. |
| 6883 | **Kic-King** (le). | BOREL-CLERC. |
| 6894 | **Bobre Africain** (Danse nègre). | PARÈS. |
| 7854 | **Troïka** (la) (Polka Russe). | ELSEN. |

# Bourrées

| | | |
|---|---|---|
| 6445 | **Bourrées du Vélay.** | THOMAS. |
| 7999 | **Auvergnate** (l') (Mazurka-Bourrée). | GANNE. |

Les Disques double face portent un numéro sur chaque face ou il est indispensable d'indiquer ces deux numéros dans chaque commande

ORCHESTRE

# Airs Nationaux

| 4000 | Marseillaise (la). | ROUGET DE L'ISLE. |
| 6079 | Nouvelle marche coloniale. | HALL. |
| 4001 | Hymne Russe. | XXX. |
| 4003 | Chant populaire Russe. | XXX. |
| 4001 | Hymne Russe. | XXX. |
| 4071 | Hymne National Anglais et Rule Britannia. | FITZ-GÉRALD. |
| 4002 | Air National Hollandais. | DEPLACE. |
| 4070 | Brabançonne (la) et le Chant du Belge. | DEPLACE. |
| 4011 | Air National Suédois. | DEPLACE. |
| 4077 | Air National Norvégien. | DEPLACE. |
| 4030 | Hymne Mexicain. | JAIME. |
| 4074 | Marche Royale Espagnole et Hymne de Riego. | DEPLACE. |

# Chants Révolutionnaires

| 6893 | Internationale (l'). | DEGEYTER. |
| 6895 | Carmagnole (la). | BIRARD. |

# Marches Militaires, Défilés et Pas Redoublés

| 5178 | Retraite Cinghalaise. | PECOUD. |
| 6166 | Louis XIV (pas redoublé avec trompettes et clairons). | MILLOT. |
| 5179 | Marche Afghane. | CAYRON. |
| 6069 | Marche Saharienne. | BENOIT. |

Tous les disques double face figurant dans le présent répertoire peuvent être fournis en disque simple face. Il suffit d'indiquer le numero choisi.

## MARCHES, DÉFILÉS ET PAS REDOUBLÉS (Suite) — ORCHESTRE

| | | |
|---|---|---|
| 5393 | Retraite Croate (pas redoublé). | MARIE. |
| 6031 | En bon ordre (pas redoublé). | A. PETIT. |
| 6050 | Père la Victoire (le) (marche française). | GANNE. |
| 6115 | Légion qui passe (la). | QUÉRU. |
| 6058 | Marche Lorraine. | GANNE. |
| 6628 | Marche du Phono-Cinéma. | BELLANGER. |
| 6059 | Marche Russe. | GANNE. |
| 6140 | San Lorenzo (pas redoublé). | ALLIER. |
| 6074 | Valeur Française. | FONTENELLE. |
| 6114 | Bourg-Achard. | ALLIER. |
| 6092 | Marche du 135e de ligne (défilé). | ROUVEYROLIS. |
| 6094 | Souvenir de la 56e brigade (défilé). | MORNAY. |
| 6101 | Défilé de Longchamps (défilé). | GROGNET. |
| 6111 | Paris-Belfort (défilé). | FARIGOUL. |
| 6103 | Saint-Cyrienne (la) (défilé). | HOUZIAUX. |
| 6110 | Marsouin (le) (défilé). | SIBILLOT. |
| 6121 | Paris-Montmartre. | DUCLUS. |
| 6129 | Compère et Compagnon. | TURINE. |
| 6123 | Boccace (pas redoublé). | SUPPÉ. |
| 6128 | Sous l'Aigle double (pas redoublé). | WAGNER. |
| 6130 | Allons-y gaiement. | GOYAERT. |
| 6157 | Esprit léger. | PARADIS. |
| 6133 | Ronde des Bébés (marche). | BOSC. |
| 6540 | Marche des Alpes. | GEORGES. |
| 6134 | Stanislas (pas redoublé). | E. LAUNAY. |
| 6550 | Tout-Paris (le) (pas redoublé). | Alex. LOGER. |

Les Disques double face portent un numéro sur chaque face il est indispensable d'indiquer ces deux numéros dans chaque commande

ORCHESTRE      **MARCHES, DÉFILÉS et PAS REDOUBLÉS** *(Suite)*

| | | |
|---|---|---|
| 6138 | Triomphe (pas redoublé). | POPY. |
| 6620 | Régiment (le) (marche). | STOUPAN. |
| 6142 | Trocadéro (le) (défilé). | PARES. |
| 6529 | Honneur au Drapeau (défilé). | FOURNIER. |
| 6145 | 115e de ligne (le) (défilé). | ANDRÉ. |
| 6532 | Entraînant (l') (défilé). | MARIN. |
| 6154 | Mes adieux à la Hongrie. | FAHRBACH. |
| 6164 | Vogésia (marche). | SALI. |
| 6165 | Joyeux Forgerons (les). | PETER. |
| 6168 | Flottez Drapeaux. | PARADIS. |
| 6187 | Glorieux soldat (pas redoublé). | SALI. |
| 6528 | Sonnez clairons (pas redoublé). | ROMAIN. |
| 6189 | Marche burlesque. | THONY. |
| 6523 | A petits pas. | SUDESSI. |
| 6191 | Retraite aux flambeaux. | MAYEUR. |
| 6547 | Retraite Tartare. | SELLENICK. |
| 6198 | Ké-Son (pas redoublé). | BIDEGAIN. |
| 6586 | Marche algérienne (arr. par ANDRÉ). | A. BOSC. |
| 6524 | Kleber-Marsh (marche). | SALI. |
| 6525 | Marche Caucasienne. | GARCIAU. |
| 6527 | Marche Chérifienne. | ROQUES. |
| 6546 | Marche de la Légion étrangère. | QUÉRU. |
| 6530 | Retraite d'Ordonnance (la) (pas redoublé). | SIGNARD. |
| 6531 | Retraite Française (la) (pas redoublé). | VIDAL. |
| 6533 | Chanzy (pas redoublé). | SIGNARD. |
| 6534 | Passage du Grand-Cerf (le) (pas redoublé). | BLÉMANT. |

Tous les disques double face figurant dans le présent répertoire peuvent être fournis en disque simple face. Il suffit d'indiquer le numéro choisi.

## MARCHES, DÉFILÉS et PAS REDOUBLÉS *(Suite)*.  ORCHESTRE

| 6535 | En avant, toujours en avant (défilé). | THIÉRON. |
| 6536 | Salut au 128e (défilé). | CHOQUART. |
| | | |
| 6537 | Carmen (défilé). | DESTRUBÉ. |
| 6538 | Bourgogne (défilé). | CHOQUART. |
| | | |
| 6539 | Honneur aux basses (pas redoublé). | DUCLUS. |
| 6542 | Sedan (pas redoublé). | MEISTER. |
| | | |
| 6541 | Marche du 116e régiment. | ESPITALLIER. |
| 6630 | Grivtza (marche russe). | MAUDUIT. |
| | | |
| 6543 | Marche Chinoise N° 1. | RAYNAUD. |
| 6544 | Marche Chinoise No 2. | RAYNAUD. |
| | | |
| 6545 | Marche Mauresque. | FOURNIER. |
| 6600 | Marche des Prétoriens. | CORBIN. |
| | | |
| 6548 | Excentric-March. | ROMSBERG. |
| 6631 | Marche des Gardes Françaises. | BOISSON. |
| | | |
| 6549 | Nemrod (pas redoublé). | FURGEOT. |
| 6553 | Salut à l'Alsace (pas redoublé). | SALI. |
| | | |
| 6554 | Défilé de la 35e Division. | CHAULIER. |
| 6597 | Défilé « Harmonie Pathé ». | BELLANGER. |
| | | |
| 6556 | Fatinitza. | VON SUPPÉ. |
| 6564 | Plume au vent. | TURINE. |
| | | |
| 6558 | Papa l'arbi (défilé des zouaves). | PÉRICAT. |
| 6595 | Passe-Partout (pas redoublé). | DAUNOT. |
| | | |
| 6560 | Sambre-et-Meuse (défilé). | PLANQUETTE-RAUSKI. |
| 6605 | Salut lointain (pas redoublé) (arr. par SIGNARD). | DORING. |

Les Disques double face portent un numéro sur chaque face
il est indispensable d'indiquer ces deux numéros dans chaque commande.

ORCHESTRE          **MARCHES, DÉFILÉS, PAS REDOUBLÉS** (Suite)

| 6561 | Mes adieux au 63ᵉ de ligne (défilé). | BINOT. |
| 6551 | Michel Strogoff (marche). | ARTUS. |
| 6562 | Mont-Joye Saint-Denys (pas redoublé). | E. SAVOURET. |
| 6606 | Moscou (pas redoublé). | G. ALLIER. |
| 6565 | Petit Quinquin (le) (pas redoublé). | MASTIO. |
| 6569 | Tous en chœur (pas redoublé). | XXX. |
| 6568 | A travers la forêt (pas redoublé). | MARIUS-SUZANNE. |
| 6589 | Aux armes (marche). | A. BOSC. |
| 6572 | Fend-l'air (défilé). | MOMMÉJA. |
| 6602 | Face au drapeau (défilé). | V. TURINE. |
| 6574 | Jacob (marche). | TURINE. |
| 6557 | Paris-Marche (arr. par COQUELET). | MEZACAPO. |
| 6576 | Paris-Bruxelles (marche). | V. TURINE. |
| 6610 | Parisien (le) (pas redoublé). | G. ALLIER. |
| 6577 | Chevau-Léger (marche). | G. PARÈS. |
| 6596 | Conscrit (le) (allegro). | G. ALLIER. |
| 6580 | Marche flamande. | GOËSLETT. |
| 6570 | Marche provençale. | CAIRANNE. |
| 6581 | Marche Tzigane. | REYER. |
| 6632 | Marche Italienne. | ROUSSEAU. |
| 6583 | Semper fidelis (marche). | SOUSA. |
| 6552 | Soldats dans le parc (les) (pas redoublé). | LIONEL-MONCKTON. |
| 6585 | Algérien (l'). | GOUEYTES. |
| 6590 | Allobroges (les). | POROT. |

Tous les disques double face figurant dans le présent répertoire peuvent être fournis en disque simple face. Il suffit d'indiquer le numéro choisi.

## MARCHES, DÉFILÉS et PAS REDOUBLÉS *(Suite)*  ORCHESTRE

| 6587 | Marche des midinettes. | XXX. |
| 6614 | Marche des musiciens. | G. ALLIER. |
| | | |
| 6591 | Joyeuse arrivée (pas redoublé). | MALOT. |
| 6629 | Tram (le) (pas redoublé). | MOUGEOT. |
| | | |
| 6594 | Républicain (le) (pas redoublé). | DAUNOT. |
| 6559 | Quatrième de ligne en campagne (le) (pas redoublé). | GURTNER. |
| | | |
| 6598 | Bohême joyeuse (marche). | L. ITHIER. |
| 6566 | Brave homme (le) (pas redoublé). | A. PÉTIT. |
| | | |
| 6599 | Fives-Lille (pas redoublé). | SELLÉNICK. |
| 6579 | Grondeur (le) (pas redoublé). | GURTNER. |
| | | |
| 6601 | Cadets d'Autriche (les) (pas redoublé). | G. PARÈS. |
| 6582 | Cadets de Russie (les) (pas redoublé). | SELLÉNICK. |
| | | |
| 6604 | Marche tricolore. | POPY. |
| 6593 | Marche des sultanes. | G. ALLIER. |
| | | |
| 6608 | En avant (pas redoublé). | MENZEL. |
| 6571 | Entrée à Tananarive (l') (pas redoublé). | E. MARSAL. |
| | | |
| 6609 | Marche des cyclistes. | EUSTACE. |
| 6603 | Marche des drapeaux (défilé). | SELLÉNICK. |
| | | |
| 6611 | Retraite de Crimée (la). | MAGNIER. |
| 6578 | Ronde des petits pierrots (marche). | A. BOSC. |
| | | |
| 6612 | Union française (l') (pas redoublé). | GRIFFON. |
| 6622 | Salut à Milan. | ANDRIEU. |
| | | |
| 6613 | Marche des p'tits rats. | ANDRIEU. |
| 6607 | Marche des sonneurs. | WITTMANN. |

**Les Disques double face portent un numéro sur chaque face il est indispensable d'indiquer ces deux numéros dans chaque commande.**

ORCHESTRE     **MARCHES, DÉFILÉS, PAS REDOUBLÉS** (*Suite*)

| | | |
|---|---|---|
| 6615 | Redoutable (le). | ALLIER. |
| 6497 | Tubophonette (pour cloches). | LACROIX. |
| | | |
| 6617 | Joyeux Gaulois (marche). | ALLIER. |
| 6623 | Œil et bras (pas redoublé). | GANIVEZ. |
| | | |
| 6619 | Fraises (les) (pas redoublé). | PARÈS. |
| 6627 | Finlandais (le) (pas redoublé). | ISTOMINE. |
| | | |
| 6626 | Bombardier (le) (pas redoublé). | PARÈS. |
| 6624 | Grand Danton (le) (pas redoublé). | ADRIET. |
| | | |
| 6633 | Spearmint (pas redoublé). | TURINE. |
| 6634 | By Jove (pas redoublé). | LÉGRIS. |
| | | |
| 6635 | Marche lilloise. | LEDUC. |
| 6074 | Valeur française (marche). | FONTENELLE. |
| | | |
| 6639 | Marche indienne. | SELLÉNICK. |
| 6584 | Beauvaisienne (la) (marche) (arr. par ALLIER). | SARRUT. |

---

# Marches et Danses Étrangères

| | | |
|---|---|---|
| 6458 | Kraquette (la) (danse américaine). | J. CLÉRICE. |
| 6887 | Zoological-Garden (danse américaine). | CH. THUILLIER fils. |
| | | |
| 6884 | Ah ! al Lah ! (danse nègre). | BIDAN. |
| 6625 | Viva Espana (marche espagnole). | ROMSBERG. |
| | | |
| 6886 | Danse annamite. | MAQUET. |
| 6885 | Modern-Sports (danse américaine). | WITTMANN. |

Tous les disques double face figurant dans le présent répertoire peuvent
être fournis en disque simple face. Il suffit d'indiquer le numéro choisi.

**MARCHES ET DANSES ÉTRANGÈRES** *(suite)*          ORCHESTRE

6888   The Brooklyn-Cake-Walk (danse améric.).    THURBAN.
6588   Mattchiche (la) (danse espagnole).         BOREL-CLERC.

6889   Hail to the spirit of Liberty (américaine). SOUSA.
7059   King Cotton (américaine).                   SOUSA.

7086   The Stars and Stripes for ever (américaine). STOUPAN.
7050   The Washington-Post (américaine).            SOUSA.

# Soli d'Instruments divers

*exécutés par des solistes de l'Opéra,*

*de l'Opéra-Comique et de la Garde Républicaine*

5094   Cavatine d'Ernani (pour piston).           VERDI.
6776   Bergères Watteau (mazurka pour piston).    CORBIN.

5145   Carnaval de Venise (le) (introduction
       pour flûte).                               GENIN.
5152   Carnaval de Venise (le) (solo pour flûte). GENIN.

6010   Prière de Moïse.                           ROSSINI.
7142   Andante religieux (avec cloches).          SENÉE.

6013   Noël (pour piston).                        ADAM.
6014   Ave Maria.                                 GOUNOD.

6357   Erwin (fantaisie) (solo de clarinettes).       MEISTER.
6358   Erwin (fantaisie) (solo de clarinettes) (suite). MEISTER.

6394   Faust. — Air de la Coupe (fantaisie pour
       flûte).                                    GOUNOD.
6399   Mignon. — Connais-tu le pays (fantaisie
       pour flûte).                               A. THOMAS.

Les Disques double face portent un numéro sur chaque face
il est indispensable d'indiquer ces deux numéros dans chaque commande

ORCHESTRE      **SOLI D'INSTRUMENTS DIVERS** *(Suite)*

6395   **Faust.** — Air de la Coupe (fantaisie pour piston).    GOUNOD.

6398   **Mignon.** — Connais-tu le pays (fantaisie pour piston).    A. THOMAS.

6400   **Mignon.** — Adieu Mignon (fantaisie pour trombone).    A. THOMAS.

7130   **Cloches du Monastère** (les) (fantaisie pour cloches).    LEFÉBURE.

6437   **Sur le Lac** (rêverie).    SELLÉNICK.

8459   **Boléro** (pour flûte).    LEBLOND.

6439   **Doux rêve** (mélodie pour hautbois).    A. PETIT.

8467   **Ah! vous dirai-je maman** (air varié pour flûte).    REYNAUD.

6448   **Emma Livry** (introduction pour clarinette).    PIROUELLE.

6476   **Clochettes et Musettes** (pour hautbois).    WALTÉE.

6485   **Berceuse de Jocelyn** (solo de flûte).    B. GODARD.

6714   **Polka pour hautbois** (solo de hautbois).    MORNAY.

6494   **Belle Meunière** (la) (avec cloches).    PARÈS.

6496   **Cloches de Mai** (mazurka) (avec cloches).    VON DITTRICH.

6689   **Bengali** (le) (polka pour flûte).    BOUGNOL.

8450   **Bruxelles** (polka pour flûte).    BATIFORT.

6690   **Gracieux Murmures** (polka pour piston).    MAQUET.

6694   **Bruxelles** (polka pour piston).    BATIFORT.

6691   **Gracieux Murmures** (polka pour flûte).    MAQUET.

8454   **Cécile** (polka pour flûte).    BILLAUT.

6702   **Etoile du Casino** (l') (polka) (solo de piston).    GUILLE.

6742   **Fine Lame** (polka) (solo de piston).    SOUSA.

Tous les disques double face figurant dans le présent répertoire peuvent être fournis en disque simple face. Il suffit d'indiquer le numéro choisi.

**SOLI D'INSTRUMENTS DIVERS** *(Suite)*          ORCHESTRE

| | | |
|---|---|---|
| 6703 | Deauville (polka) (solo de clarinette). | CORBIN. |
| 6456 | Chanson des nids (la) (solo de clarinette). | V. BUOT. |
| 6705 | Colibri (le) (polka) (solo de flûte). | SELLÉNICK. |
| 6701 | Lafleurance (solo de flûte). | MAYEUR. |
| 6707 | Madeleine (polka) (solo de piston). | A.-S. PETIT. |
| 8156 | Messager d'amour (polka) (solo de piston). | WITTMANN. |
| 6708 | Tourterelle (la) (polka) (solo de flûte). | DAMARÉ. |
| 6710 | Murmures de la forêt (les) (polka) (arr. par CAIRANNE) (solo de flûte). | SOULAIRE. |
| 6712 | Cornette (polka pour 2 pistons). | A. PIQUE. |
| 8050 | Barbier de Séville (le) Cavatine (solo de piston). | ROSSINI. |
| 6713 | Capricieuse (polka pour piston). | VIDAL. |
| 7565 | Plaisance-Fronsac (polka pour piston). | FARIGOUL. |
| 6730 | Coquericot (solo de piston) (arr. par ALLIER). | TURBAIS-BELVAL. |
| 6901 | Fantaisie brillante (solo de xylophone). | VON DITTRICH. |
| 6732 | Monôme (polka). | GARCIAU. |
| 6747 | Bagatelle (polka avec cloches). | FOURNIER. |
| 6736 | Aigrette (polka) (solo de piston). | F. SALI. |
| 6704 | Après la guerre (polka) (solo de piston). | ROHAULT. |
| 6744 | A deux (polka) (pour flûte et piston). | DESORMES. |
| 6774 | Bergères Watteau (mazurka) (solo de flûte). | CORBIN. |
| 6752 | Cloches de Mai (mazurka) (solo de xylophone). | VON DITTRICH. |
| 6721 | Deux petits pinsons (les) (polka) (solo de xylophone). | XXX. |
| 6766 | Bergères Watteau (mazurka pour saxophone-soprano). | CORBIN. |
| 6779 | Mazurka des Galibots. | LACROIX. |

Les Disques double face portent un numéro sur chaque face
il est indispensable d'indiquer ces deux numéros dans chaque commande

ORCHESTRE        **SOLI D'INSTRUMENTS DIVERS** (*Suite*)

6773   **Bergères Watteau** (mazurka) (solo de hautbois).    CORBIN.
6775   **Bergères Watteau** (mazurka) (solo de clarinette).    CORBIN.

6777   **Message d'amour** (mazurka pour hautbois).    DREYFUS.
6778   **Douce missive** (mazurka pour hautbois).    LENOM.

6890   **Jongleur** (galop) (solo de xylophone).    VON DITTRICH.
6801   **Carillon printanier** (scottish) (solo de xylophone avec cloches).    LACROIX.

7130   **Cloches du Monastère** (les) (fantaisie pour cloches).    LEFÉBURE.
8918   **Au clair de la lune** (fantaisie variée pour xylophone).    JANIN.

7806   **Emma-Livry** (polka pour clarinette).    PIROUELLE.
8216   **Piston et Pistonnette** (polka pour 2 pistons).    DUCLUS.

7870   **Polka des Cri-Cri.**    GRAND.
8206   **Simonne Ivonne** (polka pour 2 pistons).    CANIVEZ.

7924   **Une Soirée près du lac** (introduction de la mazurka pour hautbois).    LEROUX.
7924 bis **Une Soirée près du lac** (mazurka pour hautbois).    LEROUX.

7925   **Une Soirée près du lac** (introduction de la mazurka pour flûte).    LEROUX.
7925 bis **Une Soirée près du lac** (mazurka pour flûte).    LEROUX.

7926   **Une Soirée près du lac** (introduction de la mazurka pour piston).    LEROUX.
7926 bis **Une Soirée près du lac** (mazurka pour piston).    LEROUX.

Tous les disques double face figurant dans le présent répertoire peuvent être fournis en disque simple face. Il suffit d'indiquer le numéro choisi.

## SOLI D'INSTRUMENTS DIVERS (Suite)                    ORCHESTRE

| | | |
|---|---|---|
| 7934 | Triolette (mazurka pour piston). | LOGER. |
| 8455 | Triolette (mazurka pour flûte). | LOGER. |
| 8067 | Jérusalem (cavatine pour piston). | VERDI. |
| 8094 | Diamant (polka pour piston). | REYNAUD. |
| 8090 | Il pleut, Bergère (air varié pour piston). | REYNAUD. |
| 8120 | Ah! vous dirai-je, maman (air varié pour piston). | REYNAUD. |
| 8093 | Fête militaire (mazurka) (solo de piston). | PETIT. |
| 8173 | Oudin, Mellet, Firmin, Guillier (polka pour 4 pistons). | MAYEUR. |
| 8095 | Eva (polka pour piston). | PETIT. |
| 8160 | Pluie de perles (polka pour piston). | GOUEYTES. |
| 8114 | Divertissement (fantaisie pour piston). | SENÉE. |
| 8174 | Oudin, Mellet, Firmin, Guillet (introduction de la Polka, pour 4 pistons). | MAYEUR. |
| 8205 | Deux Bavards (les) (polka pour 2 pistons). | F. ANDRIEU. |
| 6740 | Etoile d'Angleterre (l') (polka) (solo de piston). | LAMOTTE. |
| 8452 | Méli-Mélo (polka) (solo de flûte). | MÉLÉ. |
| 6715 | Merle blanc (le) (polka) (solo de flûte). | DAMARÉ. |
| 8466 | Coquerico (Polka pour flûte). | TURLAIS-BELVAL. |
| 8474 | Virtuosité (Polka pour flûte). | LIGNER. |
| 8488 | Une simple idée (fantaisie nᵒ 1 pour hautbois et flûte). | LEROUX. |
| 8489 | Une simple idée (fantaisie nᵒ 2 pour hautbois et flûte). | LEROUX. |

Les Disques double face portent un numero sur chaque face
il est indispensable d'indiquer ces deux numéros dans chaque commande.

ORCHESTRE

# Soli de Violon

Exécutés par M. Emile MENDELS, 1er prix du Conservatoire
*avec accompagnement d'Orchestre*

| | | |
|---|---|---|
| 5508 | Déluge (le) (Fragment). | SAINT-SAËNS. |
| 5510 | Carnaval de Venise (le) (Thème et variations). | PAGANINI. |
| | | |
| 5509 | Séduction (la) (Séduzione) (Air de ballet). | PIÉTRO ACCORDI. |
| 5506 | Tesoro mio (célèbre valse italienne) | BEGUCCI. |
| | | |
| 5512 | Pré aux Clercs (le) (fantaisie). | HÉROLD-SINGELÉE. |
| 5511 | Simple aveu. | THOMÉ. |

## SOLI DE VIOLON

Exécutés par M. RANZATO, *Maestro-compositeur, diplômé du Conservatoire royal de Milan*

| | | |
|---|---|---|
| 80484 | Prendi l'anel (Sonnambula). | BELLINI. |
| 80485 | Serenata. | TIRINDELLI. |
| | | |
| 80487 | Celebre minuetto. | BOCCHERINI. |
| 80491 | Adagio della suonata patetica. | BEETHOVEN. |
| | | |
| 80492 | Largo. | HANDEL. |
| 80495 | Il Re Olaf (Ballata). | PACCHIEROTTI. |
| | | |
| 80494 | Valse des Rubis. | VIRGILIO. |
| 80654 | Dolci carezze (valse). | GILLET. |
| | | |
| 80496 | Celebre meditazione. | BRAGA. |
| 80498 | Romanza. | SVENDSEN. |

Tous les disques double face figurant dans le présent répertoire peuvent
être fournis en disque simple face. Il suffit d'indiquer le numéro choisi.

**SOLI DE VIOLON** *(Suite)*                                    ORCHESTRE

| | | |
|---|---|---|
| 80499 | Assolo nel' opera Thais. | MASSENET. |
| 80513 | La Forza del Destino. | VERDI. |
| | | |
| 80507 | Stabat Mater. | ROSSINI. |
| 80664 | Ave Maria. | LUZZI. |
| | | |
| 80510 | Loin du Bal (valse lente). | E. GILLET. |
| 80682 | Babillage (intermezzo). | E. GILLET. |
| | | |
| 80515 | Romanza senza parole. | RANZATO. |
| 80527 | Berceuse. | RANZATO. |
| | | |
| 80528 | Noris, Valse d'or, parte 1ª. | GUGO. |
| 80529 | Noris, Valse d'or, parte 2ª. | GUGO. |
| | | |
| 80530 | Madrigale. | SIMONETTI. |
| 80531 | Serenata. | CILEA. |
| | | |
| 80532 | Celebre gavotta. | LULLI. |
| 80626 | Amor segreto (gavotta). | RESK. |
| | | |
| 80533 | Rigoletto. | VERDI. |
| 80535 | Mignon: Non conosci il bel suol ! | A. THOMAS. |
| | | |
| 80534 | Mattinata. | LEONCAVALLO. |
| 80674 | Celebre Berceuse. | LORET. |
| | | |
| 80638 | Ballo Sylvia (pizzicato). | LÉO DELIBES. |
| 80514 | A Galoppo. | RANZATO. |
| | | |
| 80645 | Berceuse. | SIMON. |
| 80652 | Preghiera. | STRADELLA. |

Les Disques double face portent un numéro sur chaque face
il est indispensable d'indiquer ces deux numéros dans chaque commande.

| ORCHESTRE | SOLI DE VIOLON, *(Suite)* |
|---|---|
| 80656  La Voluttuosa (valse célèbre). | LAFON. |
| 80671  Valse des Diamants. | RANZATO. |
| | |
| 80658  Le Incognite (mazurka nell ballo sport). | MARENCO. |
| 80666  Mazurka-Caprice. | RANZATO. |
| | |
| 80665  Assolo nell' opera l'Albatro. | PACCHIEROTTI. |
| 80672  Andante con variazioni. | PAGANINI. |
| | |
| 80683  La Chanson de Solveig (mélodie). | GRIEG. |
| 80718  Serenata. | RANZATO. |
| | |
| 80686  Sérénade des Mandolines (pizzicato). | EILENBERG. |
| 80690  Mandolinata. | CAROSIO. |
| | |
| 80716  Polka brillante. | GLORIVITZ. |
| 80654  Delci Carezze (valse). | GILLET. |
| | |
| 80719  L'Albatro (danza delle Alghe), parte 1ª, accompagnamento per el compositore | PACCHIEROTTI. |
| 80720  L'Albatro (danza delle Alghe), parte 2ª, accompagnamento per el compositore | PACCHIEROTTI. |

---

### SOLI DE VIOLON

Exécutés par **M. Enrico POLO**, *Professeur au Conservatoire royal de Milan.*

| | |
|---|---|
| 84093  La Primavera. | MENDELSSOHN. |
| 84094  Berceuse de Jocelyn. | B. GODARD. |

Tous les disques double face figurant dans le présent répertoire peuvent être fournis en disque simple face. Il suffit d'indiquer le numero choisi.

**SOLI DE VIOLON** (*Suite*)                                      ORCHESTRE

| 84098 | Elegia. | BAZZINI. |
| 84099 | Cavatina. | RAFF. |

| 84100 | Bolero. | HERMANN. |
| 84101 | Scène de Ballet. | BÉRIOT. |

---

## SOLI DE VIOLON

Exécutés par **M. A. MAI**, *premier violon au Théâtre de la Scala, Milan.*

| 80746 | Mignon (fantaisie). | A. THOMAS. |
| 80743 | L'Ape (scherzo). | XXX. |

| 82122 | Ave Maria. | GOUNOD. |
| 82123 | Amico Fritz (l'). | MASCAGNI. |

| 82124 | Lucrezia Borgia (fantaisie). | DONIZETTI. |
| 82125 | Rigoletto (fantaisie). | VERDI. |

| 82126 | La Traviata (fantaisie). | VERDI. |
| 82127 | Il Trovatore (fantaisie). | VERDI. |

| 82131 | Tesorio mio (valse). | BECUCCI. |
| 82132 | Estudiantina (valse). | LACÔME. |

| 82132 | Estudiantina (valse). | LACÔME. |
| 82130 | La Traviata (valse). | VERDI. |

| 82133 | La Gloriosa Bandiera (marche). | XXX. |
| 80687 | A Frangesa (marche). | COSTA. |

Les Disques double face portent un numéro sur chaque face il est indispensable d'indiquer ces deux numéros dans chaque commande

ORCHESTRE

# Soli de Mandoline

| | | |
|---|---|---|
| 80105 | Amor passeggero (polka). | XXX. |
| 80279 | Vous dansez très bien (polka). | XXX. |
| | | |
| 80175 | Espoir (valse). | XXX. |
| 82104 | Loin du bal (valse). | E. GILLET. |
| | | |
| 80736 | Una Sera a Firenze. | XXX. |
| 82118 | Tarantella (alfieri) | XXX. |
| | | |
| 82096 | Mignon (fantaisie), | A. THOMAS. |
| 82097 | Mignon (gavotte). | A. THOMAS. |
| | | |
| 82100 | Histoire d'un pierrot. | COSTA. |
| 82112 | Il reggimento che passa (marche). | XXX. |
| | | |
| 82101 | Ave Maria. | GOUNOD. |
| 82102 | Legenda Valacca. | XXX. |
| | | |
| 82103 | Serenata. | SCHUBERT. |
| 80180 | Cavalleria Rusticana (intermezzo). | MASCAGNI. |
| | | |
| 82116 | Changez la dame (polka). | XXX. |
| 80278 | Scintille elettriche (mazurka). | XXX. |
| | | |
| 82120 | Dopo il tramonto (valse). | XXX. |
| 80179 | Amor segreto (gavotte). | XXX. |

Tous les disques double face figurant dans le présent répertoire peuvent être fournis en disque simple face. Il suffit d'indiquer le numéro choisi.

# Soli d'Accordéon

Exécutés par **M. CHARLIER**, *Accordéoniste Liégeois*

| | |
|---|---|
| **9600** | **Retour de Seraing** (marche). |
| **9601** | **Orfelia** (valse). |

| | |
|---|---|
| **9600** | **Retour de Seraing** (marche). |
| **9604** | **Marche des Lutteurs.** |

| | |
|---|---|
| **9602** | **Zizi** (polka). |
| **9603** | **Original** (mazurka). |

---

# Musique Humoristique

| | | |
|---|---|---|
| **6442** | **Monsieur, Madame et Bébé** (trio comique). | PILLEVESTRE. |
| **6892** | **Croupionnette** (la). | JOSÉ. |
| **6493** | **Poisson d'Avril** (polka-marche avec cloches). | G. ALLIER. |
| **6735** | **Polka de Polichinelle** (imitation de la voix de Polichinelle). | CORBIN. |
| **6709** | **Moutons** (les) (polka comique). | TOURNEUR. |
| **6710** | **Murmures de la forêt** (les) (polka pour flûte). | SOULAIRE. |
| **6738** | **Polka des commères.** | G. ALLIER. |
| **6718** | **Polka des clowns** (polka des Anglais) (avec cymbales et grelots). | G. ALLIER. |
| **7363** | **Chez l'Horloger** (imitation du coucou de l'horloge). | ORTH. |
| **8047** | **Charge de l'armée française** (la charge et la Marseillaise, coups de feu, canon, cris, etc., etc.). | XXX. |
| **7869** | **Chiens et Chats** (polka imitative). | STOUPAN |
| **8031** | **Express-Orient** (galop imitatif). | BOISSON. |

Les Disques double face portent un numéro sur chaque face
il est indispensable d'indiquer ces deux numéros dans chaque commande

# Trompettes de Cavalerie

| | | |
|---|---|---|
| 6971 { | Garde à vous. | XXX. |
| | Marche des Canonniers de Lille. | XXX. |
| 6970 | Sonnez trompettes. | CAUSY. |
| | | |
| 8811 | Garde prétorienne (la) (marche). | VINAY. |
| 8812 | Gaulois (les) (fantaisie). | ANDRIEU. |
| | | |
| 8813 | Sentinelle (la) (polka-marche). | CAUSY. |
| 8819 | Simplette (valse). | CAUSY. |
| | | |
| 8814 | Légion (la) (pas redoublé). | ANDRIEU. |
| 8816 | Qui Vive ! (pas redoublé). | CAUSY. |
| | | |
| 8815 | Estafette (l') (pas redoublé). | ANDRIEU. |
| 8812 | Gaulois (les) (fantaisie). | ANDRIEU. |
| | | |
| 8821 | Aux Pyrénées (boléro). | CAUSY. |
| 8822 | Rapide (galop). | CAUSY. |

Tous les disques double face figurant dans le présent répertoire peuvent être fournis en disque simple face. Il suffit d'indiquer le numéro choisi.

# Trompes de Chasse

## SOLI

8710    Le Cerf — 1re, 2e, 3e, 4e et 5e Tête — Dix cors.
8786    Rallye-Lorraine (Pas redoublé) (Quatuor).

## TRIOS

8750    La Delanos. — La de Laporte. — Rallye-Ardennes.
8756    La Lebret. — La Mollard. — Le Point du Jour.

## QUATUORS

6960    Moulin de la Vierge (le).
8755    La Bec de Lièvre. — La Cornu. — Les Pleurs du Cerf (trio).

6962    Chabrillant (la) (fantaisie avec carillon).
6961    Grande Fanfare (la)

6963    Souvenir de Rouen.
6962    Chabrillant (la) (fantaisie avec carillon).

8757    Introduction de la messe de Saint-Hubert.
6964    Chasse Française (la).

Les Disques double face portent un numéro sur chaque face
il est indispensable d'indiquer ces deux numéros dans chaque commande.

# RÉPERTOIRE DE MORCEAUX
## spécialement enregistrés pour la Danse

| | | |
|---|---|---|
| 6039 | Corso blanc (le) (polka). | TELLAM. |
| 6751 | Brindilles parfumées (mazurka). | TURINE. |
| | | |
| 6445 | Bourrées du Vélay (bourrée). | THOMAS. |
| 7999 | Auvergnate (l') (mazurka-bourrée). | GANNE. |
| | | |
| 6458 | Kraquette (la) (polka). | J. CLÉRICE. |
| 6655 | T'en souviens-tu (valse). | TURINE. |
| | | |
| 6573 | En goguette (polka). | WESLY. |
| 6756 | Mignonnette (mazurka). | CHOMEL. |
| | | |
| 6641 | Pâquerettes (valse). | BAUDONEK. |
| 6728 | Moustaches polka (polka). | VARGUES. |
| | | |
| 6644 | Alpes (les) (valse). | SCHMIDT. |
| 6762 | Gracieux sourire (mazurka). | FURGEOT. |
| | | |
| 6645 | Parfum capiteux (valse). | KLEIN. |
| 6805 | Héroïne de Beauvais (l') (scottish). | WITTMANN. |
| | | |
| 6651 | Santiago (valse). | CORBIN. |
| 6803 | Sabrette (scottish). | WITTMANN. |
| | | |
| 6656 | Juanita (valse). | CAIRANNE. |
| 6723 | Polka des Officiers (polka). | FAHRBACH. |

Les Disques double face portent un numéro sur chaque face
il est indispensable d'indiquer ces deux numéros dans chaque commande.

## DANSES (suite)

| | | |
|---|---|---|
| 6657 | Câline (valse). | TURINE. |
| 6758 | Mousmé (la) (mazurka japonaise). | GANNE. |
| | | |
| 6659 | Sérénade (valse). | MÉTRA. |
| 6848 | Berline Française (berline). | SAMBIN. |
| | | |
| 6660 | Jolie Patineuse (la) (valse). | BAGARRE. |
| 7874 | Midinettes (les) (polka). | DAUNOT. |
| | | |
| 6662 | España (valse). | CHABRIER. |
| 7821 | Moulinet (polka). | STRAUSS. |
| | | |
| 6663 | Vague (la) (valse). | MÉTRA. |
| 7217 | Gavotte-Trianon (gavotte). | VIVIER. |
| | | |
| 6664 | Flots du Danube (les) (valse). | IVANOVICCI. |
| 7901 | Cœur des Femmes (le) (mazurka). | STRAUSS. |
| | | |
| 6665 | Andalucia (valse). | POPY. |
| 7903 | Doux Regard (mazurka). | SALI. |
| | | |
| 6667 | Valse des Bas Noirs (valse). | MAQUIS. |
| 6771 | Au bord de la Loire (mazurka). | EUSTACE. |
| | | |
| 6670 | Venezia (valse). | DÉSORMES. |
| 6726 | Pour les bambins (polka). | FAHRBACH. |
| | | |
| 6672 | Juana (valse). | MÉLÉ. |
| 7907 | Gloire aux Femmes (mazurka). | STROBL. |
| | | |
| 6681 | Belles Parisiennes (les) (valse). | FAHRBACH. |
| 7573 | Divette (la) (scottish). | F. SALI. |
| | | |
| 6684 | Tyrolienne (polka). | LAFITTE. |
| 6807 | Pas des patineurs (scottish). | JOUVE. |

Tous les disques double face figurant dans le présent repertoire peuvent être fournis en disque simple face. Il suffit d'indiquer le numero choisi.

**DANSES** (suite)

| | | |
|---|---|---|
| 6700 | Double Quatre (polka). | ROUX. |
| 6800 | Royal Cortège (scottish). | CAIRANNE. |
| | | |
| 6720 | Ma Ninette (polka). | GAUWIN-GUILLE. |
| 7345 | Dolorès (valse). | WALDTEUFEL. |
| | | |
| 6729 | Max (polka). | SALABERT. |
| 7560 | Rosalba (scottish). | EUSTACE. |
| | | |
| 6732 | Monôme-Polka (polka). | GARCIAU. |
| 7913 | Enfants terribles (les) (mazurka). | CORBIN. |
| | | |
| 6733 | Petit Lapin (polka). | POPY. |
| 7262 | Sirènes (les) (valse). | WALDTEUFEL. |
| | | |
| 6734 | Smarteuse (polka). | POPY. |
| 7928 | Tzigane (la) (mazurka). | GANNE. |
| | | |
| 6738 | Polka des Commères (polka). | ALLIER. |
| 7279 | Nuit (la) (valse). | MÉTRA. |
| | | |
| 6749 | Petit Panier (le) (polka). | LUTZ. |
| 7304 | Violettes (valse). | WALDTEUFEL. |
| | | |
| 6757 | Sous les tilleuls (mazurka). | GRIFFON. |
| 6806 | Scottish des pierrots (scottish). | A. LAMOTTE. |
| | | |
| 6761 | Premier Pas (le) (mazurka). | LABIT. |
| 6802 | Eggitna (scottish). | F. JULLIAN. |
| | | |
| 6763 | Fleurs d'antan (mazurka). | SIGNARD. |
| 7810 | Elle et Lui (polka). | STROBL. |
| | | |
| 6764 | Sous les Quinconces (mazurka). | LAUTIER. |
| 6811 | Modern Style (scottish). | BERGER. |

Tous les disques double face figurant dans le présent répertoire peuvent être fournis en disque simple face. Il suffit d'indiquer le numéro choisi.

## DANSES (suite)

| | | |
|---|---|---|
| 6769 | Finlandaise (la) (mazurka). | Lévèque. |
| 7215 | Gavotte des Mignons (gavotte). | Mélé. |
| | | |
| 6781 | Panache et Pompon (mazurka). | Andrieu. |
| 7824 | Promenade (polka). | O. Métra. |
| | | |
| 6808 | Christine de Suède (scottish). | Bléger. |
| 7218 | Si tu voulais (gavotte). | Turine. |
| | | |
| 6809 | Rosière de Saint-Waast (la) (scottish). | Mullot. |
| 7814 | El Coréo (polka). | Corbin. |
| | | |
| 6810 | Patineuses Norvégiennes (les) (pas de quatre). | Guyard. |
| 7290 | Dames Patriotes (les) (valse). | Pivet. |
| | | |
| 6830 | Pas de quatre (pas de quatre). | Meyer-Lutz. |
| 6686 | Bicyclettes-Polka (polka). | Wesly. |
| | | |
| 6844 | Gitana (la) (boléro). | Hemmerlé. |
| 7842 | Cajolerie (polka). | Schlesinger. |
| | | |
| 6845 | Malaga (boléro). | Adriet. |
| 7293 | Cent Vierges (les) (valse). | Lecocq. |
| | | |
| 6847 | Bengali (gavotte). | C. Haring. |
| 7852 | Sans se biloter (polka). | Charton. |
| | | |
| 6858 | Gavotte Noëlie (gavotte). | C. Haring. |
| 7318 | Grenade (valse). | E. Mullot. |
| | | |
| 6866 | Gavotte des Petites Princesses (gavotte). | André. |
| 7853 | Polka des Boul'vardiers (polka). | Berget. |
| | | |
| 7166 | Gentil Page (menuet). | Fournier. |
| 7327 | Théodora (valse). | Destrubé. |

| | | |
|---|---|---|
| 7263 | Dans tes yeux (valse). | WALDTEUFEL. |
| 7832 | Polka des Veinards (polka). | G. ALLIER. |
| 7264 | Très jolie (valse). | WALDTEUFEL. |
| 7915 | Sur la colline (mazurka). | LAUNAY. |
| 7266 | Brise du Soir (valse). | KESSELS. |
| 7939 | Hommage aux Dames (mazurka). | GOVAERT. |
| 7267 | Il Bacio (valse). | ARDITI. |
| 7841 | Little-Dick (polka). | L. BILLAUT. |
| 7272 | Estudiantina (l') (valse). | WALDTEUFEL. |
| 7943 | Floréal (mazurka). | CORBIN. |
| 7301 | Toujours ou jamais (valse). | WALDTEUFEL. |
| 7550 | Amitié (scottish). | CHAMBROUX. |
| 7306 | Pomponnette (valse). | LAMBERTY. |
| 7811 | Estudiantina (la) (polka). | MÉTRA. |
| 7310 | Bettina (valse). | LAUNAY. |
| 7816 | Polka Orientale (polka). | CORBIN. |
| 7312 | Patineurs (les) (valse). | WALDTEUFEL. |
| 7817 | Forgerons (les) (polka). | BLÉGER. |
| 7319 | Valse des Roses (valse). | MÉTRA. |
| 7828 | Tout à la joie (polka). | FAHRBACH. |
| 7321 | Théresen (valse). | CARL FAUST. |
| 7900 | Carte Postale (mazurka). | STROBL. |
| 7328 | Constellations (valse). | REYNAUD. |
| 7877 | Rafaëlita (polka). | GUIRAUD. |

Tous les disques double face figurant dans le présent répertoire peuvent être fournis en disque simple face. Il suffit d'indiquer le numéro choisi.

## DANSES (suite)

| | | |
|---|---|---|
| 7330 | Merveilleuses (les) (valse) (tiré de la *Fille de Madame Angot*). | LECOCQ. |
| 7857 | Poignée de Mains (polka). | CORBIN. |
| 7336 | Valse des Blondes (valse). | L. GANNE. |
| 8022 | The Popular's (pas de quatre). | SOYER. |
| 7348 | Eglantine (valse). | ANDRIEU. |
| 7855 | Cette petite femme-là (polka). | TURLET-CHRIST. |
| 6870$^1$ | Lanciers (les) (quadrille anglais) (1re figure). | MÉTRA. |
| 6870$^2$ | Lanciers (les) (quadrille anglais) (2e figure). | MÉTRA. |
| 6870$^3$ | Lanciers (les) (quadrille anglais) (3e figure). | MÉTRA. |
| 6870$^4$ | Lanciers (les) (quadrille anglais) (4e figure). | MÉTRA. |
| 6870$^5$ | Lanciers (les) (quadrille anglais) (5e figure). | MÉTRA. |
| 7551 | Blanche de Castille (scottish). | BLÉGER. |
| 6871$^1$ | Vie Parisienne (la) (quadrille) (1re et 2e fig.). | OFFENBACH. |
| 6871$^2$ | Vie Parisienne (la) (quadrille) (3e et 4e fig.). | OFFENBACH. |
| 6871$^3$ | Vie Parisienne (la) (quadrille (5e figure). | OFFENBACH. |
| 7866 | Polka des Pachas (polka). | ALLIER. |
| 6872$^1$ | Orphée aux Enfers (quadrille) (1re et 2e fig.). | OFFENBACH. |
| 6872$^2$ | Orphée aux Enfers (quadrille) (3e et 4e fig.). | OFFENBACH. |
| 6872$^3$ | Orphée aux Enfers (quadrille) (5e figure). | OFFENBACH. |
| 7856 | Demoiselles de Magasin (les) polka). | MULLOT. |
| 7962$^1$ | Mascotte (la) (quadrille) (1re, 2e et 3e fig.). | AUDRAN. |
| 7962$^2$ | Mascotte (la) (quadrille) (4e et 5e figures). | AUDRAN. |

Les Disques double face portent un numéro sur chaque face
il est indispensable d'indiquer ces deux numéros dans chaque commande

**DANSES** (suite)

| | | |
|---|---|---|
| 7970¹ | Fille de Madame Angot (la) (quadrille) (1re et 2e figures). | LECOCQ. |
| 7970² | Fille de Madame Angot (la) (quadrille) (2e et 3e figures). | LECOCQ. |
| 7970³ | Fille de Madame Angot (la) (quadrille) (5e figure). | LECOCQ. |
| 7998 | Bien faire (mazurka). | MAQUET. |
| 7984¹ | Joyeux Postillon (le) (quadrille) (1re et 2e figures). | REYNAUD. |
| 7984² | Joyeux Postillon (le) (quadrille) (3e et 4e figures). | REYNAUD. |
| 7984³ | Joyeux Postillon (le) (quadrille) (5e fig.). | REYNAUD. |
| 7902 | Czarine (la) (mazurka). | GANNE. |
| 7987¹ | Châteaudun (quadrille) (1re et 2e figures). | WITTMANN. |
| 7987² | Châteaudun (quadrille) (3e et 4e figures). | WITTMANN. |
| 7987³ | Châteaudun (quadrille) (5e figure). | WITTMANN. |
| 7555 | Petite Tonkinoise (la) (scottish). | SCOTTO. |
| 8001¹ | Lanciers Polonais (les) (lanciers) (1re et 2e figures). | NEER. |
| 8001² | Lanciers Polonais (les) (lanciers) (3e et 4e figures). | NEER. |
| 8001³ | Lanciers Polonais (les) (lanciers) (5e figure). | NEER. |
| 8022 | The Popular's (pas de quatre). | SOYER. |

Tous les disques double face figurant dans le présent répertoire peuvent être fournis en disque simple face. Il suffit d'indiquer le numéro choisi.

www.ingramcontent.com/pod-product-compliance
Lightning Source LLC
Chambersburg PA
CBHW071818090426
42737CB00012B/2135